탄소중립도시의 이해와 실천 :
(PLANNING SMART CARBON NEUTRAL CITIES)
자연과 도시의 통합 플랫폼 탐색

김귀곤 저

머리말

탄소 중립 도시는 배출되는 탄소량과 흡수되는 탄소량 사이의 균형을 갖춘 도시를 의미한다. 다양한 접근 방법과 기술을 이용, 배출량을 줄이고 잔여 이산화탄소는 흡수하여 도시내 이산화탄소의 양을 '0'톤으로 만드는 등식 모델은 아직도 개발중에 있다. 국가 차원이나 도시 차원에서 탄소 중립성 과정의 수행과 입증은 많은 시나리오와 가정, 그리고 과감한 선택을 필요로 하기 때문에 어려울 수 밖에 없다. 곧 유엔기후변화당사국회의에서 채택하게 될 새로운 탄소 시장 메카니즘의 시작을 계기로 우리나라가 국제사회에 약속한 탄소 중립 전략에 따라 야심적이고(ambitious) 구체적인 대책과 사업 계획이 마련되어 도시 차원에서 구현될 필요가 있다.

탄소 중립 도시의 개념은 2050년까지 순 탄소배출량의 목표치를 '0'로 야심차게 설정함으로서 기후변화를 저감시키는 지렛대로 주장되어 오고 있다. 그러나 탄소 중립 도시에 대한 계획적 접근법은 다양하다. 목표치 달성에 필요한 많은 전략과 행동은 매우 다른 경로를 밟아 장기간에 걸쳐서 개발되고 시행에 옮겨질 수 있기 때문이다.

이 책은 자연에 바탕을 둔 기후변화 대응의 가치와 중요성에 대한 이해, 그리고 참여 계획 방법론과 정책 수단의 활용, 탄소 중립 도시 조성을 위한 탄소 흡수원의 확보와 기능 강화 방안의 제시에 목적을 두고 있다. 이와 같은 목적 달성을 위해 지속가능발전 목표의 큰 틀 속에서 기후 위기, 자연 보전과 복원, 공간 계획 그리고 디지털 기술간의 연계성을 강조한다.

이 책은, 또한, 생태계로서 도시를 보는 시각을 가지고 도시와 자연의 통합, 환경 인식과 지역 사회 정체성의 고취와 함께 기후정의 패러다임에 따른 포용적 탄소 중립 도시의 실현을 추구한다.

이 책은 필자가 독일 출판사 스프링거 (Springer)의 지원을 받아 저술한 "저탄소 스마트도시: 기후 회복 탄력성 계획을 위한 도구"(2018)와 대표 집필한 "기후 스마트. 현명 도시" (2021)를 토대로 쓰여졌다. 이 2권의 책은 지식 플랫폼으로서 "통합 플랫폼 (integration platform)"을 도시 기후 계획에 적용할 필요성을 강조하고 있다. 통합 플랫폼은 물적/공간 계획, 기후변화, 녹색 금융, 리더쉽 거버넌스 그리고 디지털화가 융복합된 시스템을 말한다. 따라서 이번에 국내에서 발간되는 책을 통하여 탄소 중립 도시의 개념과 절차, 일반적인 내용을 이해하고 좀 더 깊이 있고 전문적인 내용은 앞에 소개한 서적들을 통하여 획득하는 것이 효과적일 것이다.

이 책의 주요 구성은 다음과 같다.

(1) 탄소 중립 도시 계획의 기초 이론
(2) 탄소 중립 도시 계획의 현황과 추세
(3) 탄소 중립 도시 탄소 격리 계획
(4) 자연 기반형 계획
(5) 탄소 중립 도시 계획의 실현을 위한 기법
(6) 분야별 사업 이행 계획
(7) 순 제로(Net Zero) 미래의 비전과 전망

이 책은 여러 가지 후속 행위의 필요성을 밝히고 있다. 이와 같은 행위가 기후 대책, 포스트-COVID-19 대유행 회복과 디지털 뉴 딜 패키지 프로그램의 일환으로 실제로 구체화 되기를 이 책은 권고하고 있다.

이 책을 쓰게된 동기는 그 동안 필자가 개발해 온 기후 대응 통합 플랫폼 모형이 현실적으로 자연 기반형 탄소 중립 도시 계획을 통해서 실현될 수 있는가를 실무적인 차원에서 모색해보고 그 효과를 면밀히 검토하는 것이었다. 이러한 연유로 이 책이 학자와 전문가는 물론, 정책 결정자, 전문직 종사자, 지방자치 단체, 언론인, 지역사회 활동가, 시민, 학생 등 도시, 기후와 자연에 애정과 관심을 가진 모든 사람들에게 하나의 교양 도서로 유익하게 읽혀지고 활용되기를 바란다. 특히, 파리 기후 협정에서 담고 있는 탄소 중립성의 국가와 도시 차원에서의 구현을 위해 이 책이 탄소 중립 정책 결정자들의 지침서가 되기를 기대해 본다.

자연에 기반을 둔 탄소 중립 도시 계획 분야는 아직도 연구, 개발 단계에 있기 때문에 지금까지와는 다른 도시 기후 문제가 제기되고, 지식, 정보와 기술이 이용 가능하게 됨에 따라 앞으로 더욱 보완되어야 할 것으로 믿으며, 이 분야에 관심있는 많은 분들의 조언을 기대한다.

이 책의 저술에 도움을 준 기후 변화 협약 (UNFCCC) 사무국의 Massamba Thioye 박사, 독일 FOM 대학교 Andreas Oberheitmann 교수, Anne-Isabelle Blateau, 박미정 위원, 오재호 교수, 구본학 교수, 최희선 박사, 김현규 소장, 문제순 이사와 이동현 차장에게 감사드린다.

끝으로, 이 책을 펴낼 수 있도록 깊은 배려와 협조를 해주신 드림 미디어 안기열 사장님께 감사드리며, 사랑하는 아내 순연, 우진, 희정, 세찬, 태형 그리고 유정이와 출간의 기쁨을 함께하고자 한다.

2021년 9월

강남 삼성동에서

김귀곤

목 차

서 론

탄소 중립 도시는 지속가능발전에 기여한다.

우리나라는 작년 말(12.30) 유엔기후변화협약(UNFCCC) 사무국에 국가온실가스감축목표[NDC] 및 장기저탄소발전전략[LEDS]을 제출했다. 이 자료의 탄소 중립 5대 기본방향에는 “산림, 갯벌, 습지 등 자연·생태의 탄소 흡수 기능 강화”가 포함되어 있다. 또한, 우리나라 그린뉴딜 정책에서는 도시의 녹색 생태계 회복을 중요한 과제로 채택하고 있으며 국제자연보전연맹(IUCN)에서는 자연생태계를 지속 가능하게 보호하고 관리하며 변형된 생태계를 복원하기 위한 자연에 바탕을 둔 해결책(NBS) 을 제시하고 있다. 스페인 마드리드에서 2019년에 열린 기후변화협약 당사국 25차 회의에서는 자연에 바탕을 둔 다양한 기후대응 노력이 논의되었다. 정부는 코로나로 인한 경제위기와 기후위기를 동시에 극복하기 위한 ‘그린 뉴 딜 정책 발표(‘20.07)’와 ‘2050년 탄소 중립 목표 선언(‘20.10) 이후 ‘2050 탄소 중립 추진 전략(관계부처 합동, ‘20.12)’을 통해 도시, 국토 저탄소화를 위해 맞춤형 그린 인프라 보전, 확충과 자연 생태기반 회복력 강화, 생태자원을 활용하는 탄소 흡수 기능 강화 전략을 채택했다.

범지구적 2019년 CO_2 배출량은 38.0 Gt이다. 이 가운데 자연 흡수(natural sinks)를 통해서 9.5 Gt에서 11 Gt의 CO_2가 매년 제거되고 있는 것으로 추정되고 있다. 따라서 자연과 자연생태계에 의한 탄소격리(carbon sequestration: 탄소 흡수량(carbon sinks) + 탄소 저장량(carbon storage)를 기후변화 산출에 통합할 필요가 있으며 도시 기후변화 예측에도 큰 영향을 미치게 된다. 이와 같은 유형의 방법론은 새로운

기후 정책과 행동 이니셔티브를 요구하고 있다.

파리기후협정(2015)의 전문에서는 생태계의 온전성(environmental intergrity)을 강조하고 있으며 이 협정의 5조, 7조, 8조에서는 탄소 흡수와 저장(탄소 격리)와 지역사회(community), 생활거주성(livelihoods) 그리고 생태계의 연계성을 강조하고 있어 자연기반형 솔루션(NBS)이 UNFCCC를 비롯한 국제사회의 주요 과제가 되어 있다. 이에 따라 기후 대응을 위한 자연 기반형 탄소 중립 생태도시의 계획과 개발이 국제적으로는 물론 국내에서도 주요 이슈로 등장했다.

최근의 세계 자원 연구소(WRI: World Resources Institute) (2021)의 연구 결과에 의하면 미국에서 조림, 훼손된 산림의 복원, 혼농임업(agroforestry)과 같은 나무 복원은 2050년까지 매년 대기로부터 5억 4천만 톤의 탄산가스를 제거할 수 있을 것으로 밝혀졌다. 나무 복원을 통한 탄소 제거의 평균 비용은 CO_2 톤당 10불 미만이므로 오늘날 이용 가능한 탄소 제거 전략 가운데 가장 비용-효과적인 방법의 하나로 알려지고 있다. 그러나, 이와 같은 효과를 거두기 위해서는 연방정부로부터 앞으로 20년 동안 매년 40억 불에서 45억 불 사이의 투자를 필요로 한다. 20년에 걸친 이 투자는 2020년 1년간 연방정부가 화석연료에 소비한 돈에 해당된다. 이러한 유형의 나무 복원 투자는, 또한, 수 천개의 일자리를 창출하며 농촌 지역에 수십억 불에 달하는 경제 성장을 가져다줄 것으로 추정된다. 이 수치는 화석 연료 의존 산업에 투자할 경우에 비해 1달러당 훨씬 많은 일자리를 만들어 낼 것으로 추정하고 있다.

제25차 기후변화당사국총회에서 논의된 NBS 관련 주요 이슈

[사진 1] 2019년 12월 스페인 마드리드에서 개최된 제 25차 기후변화 협약 당사국 총회에 참석, 발표하는 필자의 모습. 이 회의에서는 기후 대응의 솔루션으로 NBS가 중점적으로 논의 되었음

▶ 도시로 하여금 녹색, 환경 온전성과 '탄소 중립성 2050'을 향한 전환을 약속하도록 하는 필요성이 새롭게 대두되었음

▶ 기후 솔루션으로서의 자연 기반 해법 솔루션은 탄소 배출량 감소, 생물 다양성 통합, 생태계의 보호와 인간 거주성의 지원을 통해서 이루어져야 함

▶ 이 해법은 다음과 같은 접근 방법을 포함해야 함

◦ 도시와 해안 생태계의 통합

- 다각적 공동 편익과 IPCC 지침(저감 가치의 측정)에 의한 생태계의 보호와 현명한 이용
- 기후 스마트 현명 도시의 역할에 관한 광범위한 논의
- 변화하는 기후를 고려한 도시 공간의 설계, 정책과 프로그램의 이행과 관리
- 습지, 이탄지, 맹그로브, 산림, 기타 일차 생태계는 많은 탄소량을 함유하고 있으며 회복 탄력성을 개선시킴. 생물 다양성은 탄소 저장과 격리를 뒷받침허즘. 국가 자발적 감축 계획(NDCs)에서 자연이 풍부한 지역과 탄소를 풍부하게 저장하고 격리시키는 지역의 연결성을 고려해야 함
- 맹그로브 보전과 제로(0) 벌채, 농업과 임업 공급 사슬에 관한 정책과 실행 공유
- AFOLU(농업, 임업과 기타 토지 이용)분야는 NDC 포부 혹은 야심(ambitions)을 증가시킬 좋은 기회를 제공해줌. AFOLU 분야에서의 이니시어티브와 모든 도시 및 지역 계획과의 전략적 제휴는 탄소 중립성(2050)을 향한 도시 및 지역 저감과 적응 야심을 향상시킬 것임
- 농업 부문은 전 지구 온실가스의 8.4%까지를 차지하고 있음. 혁신과 증거 기반형 좋은 실천 방법을 통해 농업 부문이 기후변화의 영향을 줄이는 데 큰 역할을 하도록 해야 함. 이 해법은 지속가능성을 위한 식생, 토양 , 공기, 에너지와 물 요소를 포함해야 함
- 물 안보는 생태계 서비스와 연계됨. 자연 기반 해법 솔루션은 기후 회복 탄력적인 물관리를 통해 식량 시스템, 도시, 금융 인프라와 지방 행동을 위한 중요한 적응 솔루션을 제공해줌
- 도시에서의 자연기반형 기후변화 적응은 기후변화 적응(재해 위험성 감소 등) 뿐만 아니라 건강과 복지, 사회적 결합과 지속 가능 경제 발전과 같은 다수의 복합적인 혜택에 미치는 NBS의 영향을 측정하는 방법을 탐색해줌
- 혁신적인 NBS 도구와 방법의 개발을 위해 새로운 과학과 성공적인 NBS 사업이 필요함. 이를 위한 전 지구적 협력과 기금 모금이 필수적임
- 산 그리고 삼림과 같은 다양한 생물군계(biomes)를 보호하고 복원하는 경험 공유
- "유엔 생태계 복원 10년(2021-2030)"의 일환으로 유엔환경기구(UN Enviroment)가 전개하고 있는 "Plant-for-Planet App"은 좋은 사례임. 이 앱은 식재 사업의 투명성을 재정립해줄 것임

▶ 산과 구름 정상으로부터 바다에 이르는 통합 지리적 접근은 기후변화의 관점에서 뿐만 아니라 자연이 제공하는 생태적, 경제적, 사회적 혹은 문화적 혜택을 충분하게 활용함에 있어 꼭 필요함을 인식해야 함

[기고]
그린 뉴딜 정책, 통합적 접근해야

2020년 7월 9일 한겨레 칼럼

김귀곤
서울대 명예교수

최근 코로나 경제 회복을 위한 그린 딜 정책에 유엔 표속가능 발전 목표와 기후 대응의 중요성을 반영하는 국제적인 움직임이 일고 있다. 유럽연합(EU)의 경우 8260억 달러에 달하는 그린 딜 사업비의 25%를 기후 대응 사업에 할당하는 계획을 발표했다. 여기에는 건축물의 개조, 청정에너지, 전기자동차 보급과 지속가능 토지 이용이 포함되어 있다. 이와 같은 포스트 코로나 회복 계획이 제대로 진행된다면 역사상 가장 의미 있는 녹색 투자가 될 것이라는 전망이 나온다. 또한 워싱턴에 있는 세계자원연구소는 이 그린 딜 사업으로 100만 개의 일자리가 창출될 것으로 추정했다.

유엔은 최근의 뉴스레터를 통해 17개의 표속가능 발전 목표가 코로나 회복 및 앞으로 있을지 모를 유사한 위기를 극복하는 가장 좋은 대안이 될 것이라고 밝혔다. 지속가능성을 모든 유럽연합 정책에 통합시키도록 정하고 있는 유럽연합의 그린 딜 정책과 맥락을 같이한다. 포스트 코로나 시대를 맞이하여 표속가능 발전 목표, 기후환경과 그린 딜의 연계성이 국제적으로 강조되고 있음에도 우리나라는 부처별로 업무가 산재하고 분산되어 상호 연계성이 결여되어 있다. 융합과 협업이 대세인 지금에도 관련 분야 간의 교류 없이 사일로에 갇혀 있는 사고방식은 여전하다. 장기적 관점에서 통합적 접근을 구상해야 할 시점이다.

올 3월 문재인 대통령은 유럽연합의 그린 딜을 한국형 그린 뉴딜의 모형으로 삼아 계획을 수립하고 양자 간 회의를 통해 정책 아이디어와 협력 사업의 공유 방안을 모색하도록 지시한 것으로 전해진 바 있다. '그린 뉴딜 특별법'의 제정도 추진되고 있는 것으로 알려졌다. 특별법의 제정과 정책 수립에 도움이 될 몇 가지 제안을 하고자 한다.

첫째, 그린 딜 플레이어들의 협업을 강화

하여 정책의 효과를 높이자. 유럽연합은 분야별 업무의 통합(Sectoral Integration)을 통하여 모든 이용 가능한 정책 도구를 일관성 있게 활용하도록 명문화하고 있다. 우리도 그린 전환, 기후 중립 경제로의 전환, 코로나 복원으로의 전환, 디지털 전환 그리고 정부 예산의 녹색화를 향해 모든 손과 발을 맞추어야겠다.

둘째, 현재 제각각으로 나누어져 있는 지속가능발전, 녹색성장, 기후환경 등 그린 뉴딜 관련 대통령 자문기구들을 통폐합하자. 유럽연합과 같이 전반적인 분야를 포괄하는 정책 목표의 수립을 검토하고 자문할 수 있도록 할 필요가 있다.

셋째, 국민적인 그린 뉴딜 도시 운동으로 '코리아 스마트 그린 도시 이니셔티브'를 전개하자. 도시는 그린 뉴딜 사업을 포괄적으로 담아내는 그릇에 해당된다. 실제적으로 그린 인프라 가치를 창출해내는 공간이기 때문이다. 유럽연합은 협업과 융합정책(Cohesion Policy)의 하나로 '유럽 도시 이니셔티브'를 전개하고 있다. 이 이니셔티브는 각 도시가 지속가능 그린 도시 개발 전략을 수립하도록 지원하고 지방 차원에서 통합적인 그린 딜 정책을 이행하는데 필수적인 분야별 상생 정책 대안과 방법을 제공하는 플랫폼이 될 것으로 기대를 모으고 있다.

유럽연합의 그린 딜 정책은 자연 생태계의 보호와 복원, 자원의 지속가능한 이용, 인간 건강의 증진 가치를 향한 혁신적 변화를 추구하고 있다. 아울러 이와 같은 변화의 필수적인 조력자로서 디지털 기술의 역할을 강조한다. 인류의 보편적 가치와 원칙으로 평가받고 있는 표속가능 발전 목표의 커다란 틀 속에서 코로나 복원과 기후 대응 노력을 연계시키는 '그린 뉴딜 특별법'의 제정과 정책, 전략 그리고 구체적인 행동계획이 마련되기를 기대해 본다. 우리나라의 코로나 방역에 대한 좋은 국제적 인식과 함께 도범적인 코로나 그린 경제의 통합 모형을 개발해, 국제사회에 보급하도록 해야겠다.

자연은
탄소 중립 도시의
가장 좋은 협력자이다.

Nature is
the best collaborator for smart
carbon neutral cities.

제 1 장 탄소 중립 도시 계획의 기초 이론

1.1 기후변화협약과 탄소 중립 도시의 탄생

1.1.1 교토의정서와 온실가스 배출 규제

이 의정서는 지구 온난화 규제 및 방지를 위한 국제 협약인 기후변화 협약의 구체적 이행 방안으로 온실가스 감축 목표치를 규정하였다. 1997년 12월에 일본 교토에서 채택되었다.

[기고]
교토의정서와 생태도시 조성

2005년 3월 7일 서울대학신문 칼럼

김귀곤
서울대 교수

범지구적 환경문제인 온실가스 감축을 위한 국제협약인 교토의정서가 2005년 2월 16일 공식 발효됐다. 이에 따라 정부와 민간단체에서 여러가지 다양한 온실가스 감축 방안이 제시되고 있다. 이들 제안들은, 그러나, 큰 그림이 없이 제각각이며 의무 감축 면제에만 급급하고 있다는 지적이 나오고 있다. 통합적인 장기대책이기보다는 단편적 단기 대책이라는 얘기이다. 교토의정서의 틀 속에서 사업 중심의 온실가스 배출 감축을 위한 시장을 개척하고 UN이 제시하고 있는 지속가능발전에 기여하는 계기로 삼아야 할 것이다. 제2차 이행 기간이 되는 2013년까지 기다리지 말고, 기후변화를 장기적 개발전략에 통합하여 미리 미리 준비해 나아가야 할 것이다. 온실가스 감축을 위한 대책의 수립에 도움이 될 몇 가지 제안을 하고자 한다.

첫째, 우리나라 도시를 탄소 배출권 거래 시장으로 개발하자. 세계은행은 2000년에 모범탄소기금(PCF)을 시작하였다. 6개 정부와 17개의 민간회사가 1억8천만 달러를 투자하여 기금을 만들고 이 기금으로 배출감축 구매거래를 선도적으로 해오고 있다. 이와 같은 유형의 거래는 교토의정서의 준수 비용을 줄일 수 있는 장점을 가지고 있다. 대부분의 산업화된 경제에서는 CO_2톤당 15달러($15/tCO2e) 이상의 감축 비용이 드나 개발도상국가에서는 온실가스 배출감축기회가 많아 CO_2톤당 3~4달러($3~4/tCO2e)면 되기 때문이다. 개발도상국으로 투자를 유도하는 기금을 이용할 경우, 비록 감축 비용은 다소 덜 들지 모르지만, 외국에 투자하게 됨으로써 우리나라 도시의 기후를 개선하는 데에는 전연 도움을 주지 못하게 된다. 우리나라 도시를 위한 소위 기후 친화적인 투자는 아니기 때문이다. 온실가스 배출 기업들로 하여

금 우리나라 도시에서 배출권을 구매토록 할 필요가 있다.

탄소 배출권 거래 시장, 생태도시 등 지속적 대비책 세워야

둘째, 교토의정서의 발효를 계기로 생태도시 조성 운동을 전개하자. 생태도시는 저투입, 저에너지, 고효율 도시를 지향한다. 도시 공간구조를 이산화탄소 배출이 적은 기후 친화적인 구조로 바꾸고, CO_2의 흡수원이 되는 도시의 숲과 습지 면적을 확대할 필요가 있다. 석유를 적게 쓰는 환경친화적 교통체계와 수단을 도입하고, 생태산업단지 조성, 폐기물 에너지의 회수를 통해 온실가스를 감축할 수 있다. 온실가스 감축을 위한 물 사업과 바이오매스 사업도 전개될 수 있다. 특히, 도시별 에너지 밀도도(密度圖)를 작성해야 한다. 그런 다음, 이 도면을 바탕으로 도시 에너지 총괄관리 체계를 구축하고 CO_2의 배출이 적은 에너지의 공급구조와 흐름 등 종합 대책을 마련해야 한다. 생태도시 조성운동은 CO_2를 적게 배출하는 생활양식도 정착시킬 수 있음을 주목해야 한다. 이와 같은 생태도시 조성 운동은 지방의제 21을 통해서도 달성될 수 있다. 온실가스 감축 노력은 교토의정서의 준수차원에 머물러서는 안 된다. 우리 국토를 생각하고, 우리의 후손을 위해 해야 할 일이라는 인식에 바탕을 두어야 한다. 열악한 우리나라 도시기후를 개선하고, 기후변화에 관한 유엔협약도 준수해 나아가 일석이조의 효과를 거두도록 해야 한다. '선(先) 국내, 후(後) 해외'라는 원칙에 따른 기후 친화적인 투자가 생태도시 조성 노력을 통해 구체화되기를 기대해 본다. 기후 친화적 투자의 해외유출을 막기 위해서는 기업이 국내 온실가스 배출 감축을 위한 시장에 투자할 때 온실가스 감축 점수를 더 준다거나, 다른 형태의 인센티브를 주도록 하는 것이 바람직할 것이다. 이를 실천에 옮기기 위한 생태도시 개발 탄소 기금을 조성토록 하자.

1.1.2 파리 기후 변화 협정과 탄소 중립성(2050)

국가 차원에서의 탄소 중립성은 파리 기후 변화 협정에서 언급되고 있다. 파리 기후 협정이 채택된 후 5년이 되는 작년말에 탄소 중립성을 향한 유망한 움직임이 일어나고 있다고 안토니오 구테레스(Antonio Guterres) 유엔 사무 총장은 말했다(Antonio Guterres, Carbon Neutrality by 2050: the world' most urgent mission, 11 December 2020).

과학자들에 의하면 지금과 2030년 사이에 화석 연료의 생산을 매년 6%씩 줄이지 않는다면 연간 2%만의 상승을 위한 궤도에 진입하기는 어렵고 모든 상황은 더 나빠질 것으로 보고 있다. 구테레스 사무총장은 다음과 같은 제안을 했다.

첫째, 2050년까지 탄소 중립성을 위한 진정한 전 지구적 제휴가 필요하다.

유럽 연합, 영국, 일본, 한국을 비롯 110개 이상의 국가가 탄소 중립성 약속을 했다. 새로운 미국 행정부도 약속을 했으며 중국은 2060년 이전에 그 목표의 달성을 약속했다. 모든 국가, 도시, 금융 기관과 기업들은 순 제로 계획을 채택해야 하며 지금 바로 옳은 경로를 시작해야 한다. "이것은 2030년까지 2010년 수준의 45%로 전 지구의 배출량을 줄이는 것을 의미한다."고 구테레스 사무초장은 말했다.

둘째, 파리 협약과 지속가능 발전 목표와 함께 보다 나은 세계의 청사진에 전 세계의 금융을 맞추어 가야 한다.

이를 위해 탄소 중립성의 목표를 모든 경제적, 재정적 의사 결정에 통합시켜야 한다. 모든 은행은 그들의 융자를 순 제로 목적과 일치하도록 해야 한다.

셋째, 기후변화의 엄청난 영향에 대처하기 위하여 기후변화 적응과 회복탄력성의 해결책을 확보해야 한다.

"자연은 우리의 가장 좋은 협력자이다."라고 구테레스 사무총장은, 또한, 강조한다. 자연기반 솔루션은 파리 기후 협약의 목표를 충족하기에 필요한 온실가스 배출량 순 감축의 1/3을 제공할 수 있다. 구테레스 사무총장은 코로나 대유행의 복원과 기후행동은 동전의 양면이 되어야 한다고 말한다.

1.1.3 유엔경제위원회(유럽): 기후중립도시

유엔경제위원회(유럽)는 도시 차원에서의 탄소 중립성의 중요성을 강조하고 있다.

이 위원회는 압축 도시 형태와 높은 인구 밀도 때문에 도시 지역을 자원 효율적인 녹색 경제 성장을 위한 자연의 실험 장소(natural testing grounds)로 보고 있다. 이 위원회의 기후 중립 보고서는 저에너지, 저탄소, 높은 수준의 회복력을 갖춘 기후중립도시를 향한 점진적인 전환에 필요한 체계적이고 상호 관련된 대책을 제시하고 있다. 이 위원회의 권고는 다음과 같은 4 항목으로 요약된다.

- 폐기물 관리: 재활용, 생물 연료와 소각의 대안과 기준
- 저탄소 이동성: 비전동 자동차와 좋은 대중 교통의 촉진, 대안 연료의 도입과 함께 차량 이용의 억제
- 도시 에너지 인프라: 재생에너지 이용을 촉진시키기 위한 인센티브 제공, 에너지 효율적인 기술의 이용, 도시 시설을 위한 지능 전기 그리드 시스템의 도입(그림 1.1)

[그림 1.1 스웨덴 말뫼의 녹색 주택]
(1) 구 공업지역을 녹색 주거 단지로 전환시킴.
(2) 현대 건축 기술과 지속가능성 측면이 융합됨.
(3) 다른 말뫼 주거지역에 비해 50%의 에너지 소비(105 kwh/m2/년간).
(4) 태양 에너지, 풍력, 열추출과 같은 형태의 재생에너지가 이용됨.
(5) 이 단지에서 소비되는 모든 에너지는 지방적으로(locally) 생산됨.
자료 출처: BoO1 Housing Expo- The City of Tomorrow in the ecologically sustainable information and welfare society, Malmo, Sweden

▶ 도시 형태와 녹색 공간: 도시 팽창을 줄이고 방지하는 기법, 녹지와 공공 공간의 보존과 확장, 도시 열섬 효과의 완화(그림 1.2)

(자료 출처: United Nations Economic Commission for Europe, Climate Neutral Cities: How to make cities less energy and carbon intensive and more resilient to climate challenges, United Nations, New York and Geneva, 2011)

[그림 1.2] 플러스 에너지 주택: 독일 프라이브르그(50가구)
(1) 저 에너지 시공 설계로 이 단지가 소비하는 에너지보다 많은 재생에너지 생산.
(2) 주민 1/3이 자동차 없이 생활할 정도로 환경 인식이 높음

1.1.4 도시 생태계로서의 탄소 중립 도시: 생태도시로 가기 위한 순환경제를 위한 생태 순환 모형(Eco-cycle model)

생태도시는 생태계와 조화를 이루어 기능하고 지속가능한 물적 자원 공급 체계를 가지며 지속가능 인프라와 지속 가능 쓰레기 관리 체계를 기지고 있어 순환경제에 기여하는 도시로 이해된다. 미래의 탄소 중립 도시를 조성하기 위해서는 생태적으로 지속 가능한 도시 지역의 창출에 관심을 기울여야 한다.

따라서 도시를 하나의 복잡한 유기체로 보고 사회 경제 현상의 영향을 받는 물적 자원의 대사작용을 고려해야 한다(Frostell 2016). (표 1.1)

[표 1.1] 런던의 물질대사와 생태적 발자국

런던의 물질대사
(인구 7,000,000)

아래의 수치들은 런던의 자원 이용을 계량화한 것이다. 이 수치들은 자원 효율성의 잠재성을 강조하기 위한 것이다. 런던의 쓰레기 생산량은 재활용 자원으로 활용될 수 있다.

1) 투입	톤/년
연료와 기름	20,000,000
산소	40,000,000
물	1,002,000,000
식품	2,400,000
목재	1,200,000
종이	2,200,000
플라스틱	2,100,000
유리	360,000
시멘트	1,940,000
벽돌, 블록, 모래와 타맥	6,000,000
금속	1,200,000

2) 폐기물	톤/년
산업 폐기물과 철거 폐기물	11,400,000
가정, 생활 그리고 상업 폐기물	3,900,000
하수 슬러지	7,500,000
CO_2	60,000,000
SO_2	400,000
NO_X	280,000

런던의 생태적 발자국

런던의 생태적 발자국은 캐나다의 경제학자 William Rees의 정의에 따라 식품, 섬유 그리고 목제품의 공급에 필요한 토지 면적과 런던의 이산화탄소를 다시 흡수하는데 필요한 식물의 재배 면적으로 구성된다.

자료 출처: Swyngedouw K 2006

한편, 탄소발자국은 개인, 단체 혹은 도시가 직, 간접적으로 배출시키는 이산화탄소의 총량을 말한다.

이와같은 방법의 활용을 위해서는 도시에서 쓰고 있는 기후변화와 자원에 대한 선형 접근법을 순환체계를 강조하는 접근법으로 전환해야 한다. (그림 1.4)

[그림 1.3] 탄소 발자국 이미지
자료 출처: sutterstock.com

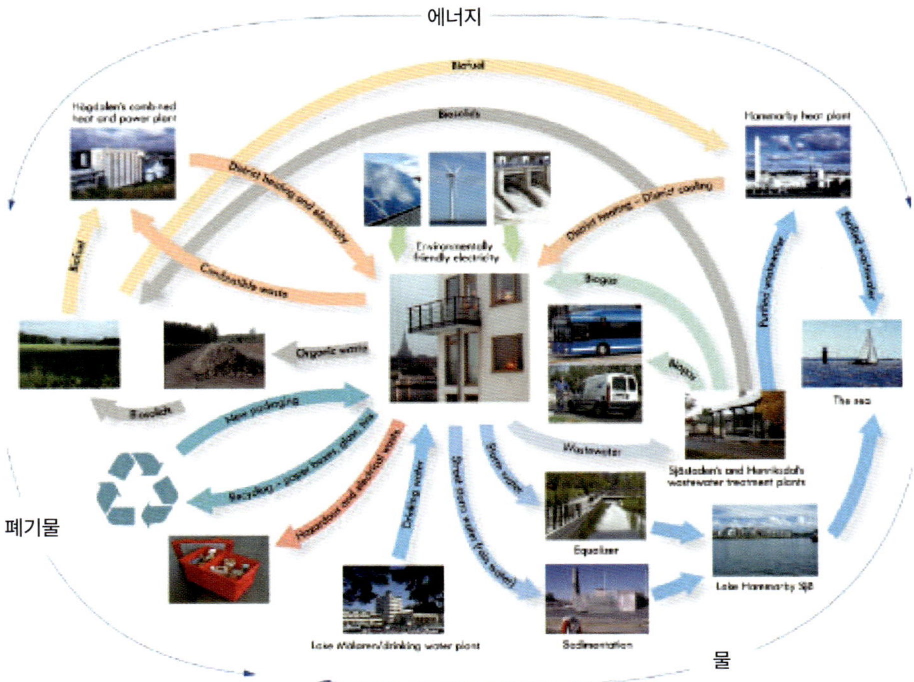

[그림 1.4] 생태순환 모형: 스웨덴, 스톡홀름, 하마비
자료출처: U. Ranhagen, B. Frostell, Eco-cycle model 2.0 for Stockholm Royal Seaport City District : Feasibility study - final report. Published in 2014

도시지역의 탄소 순환은 도시 개발과 전 지구적 환경 변화간의 환류에 있어서 중요한 역할을 한다. 도시는, 한편으로는, 전 지구 CO_2 배출량의 70% 이상을 차지함으로 전 지구적 환경 변화의 원인자(driver)이다. 다른 한편으로는 폭염, 물 부족, 대기오염과 같은 전 지구적이고 지방적인 환경 변화는 도시 탄소순환에 영향을 미친다.

그림 1.5에서 볼 수 있는 것과 같이 도시의 탄소순환은 자연적 구성요소(도시 식생과 토양)와 인위적인 구성요소(건축물, 매립지 등)의 상호작용을 통해서 일어난다. 도시지역을 통한 자연적이고 인위적인 탄소 흐름(carbon flux)은 기후와 도시 형태와 같은 요인에 의해서 조절된다.(그림 1.6)

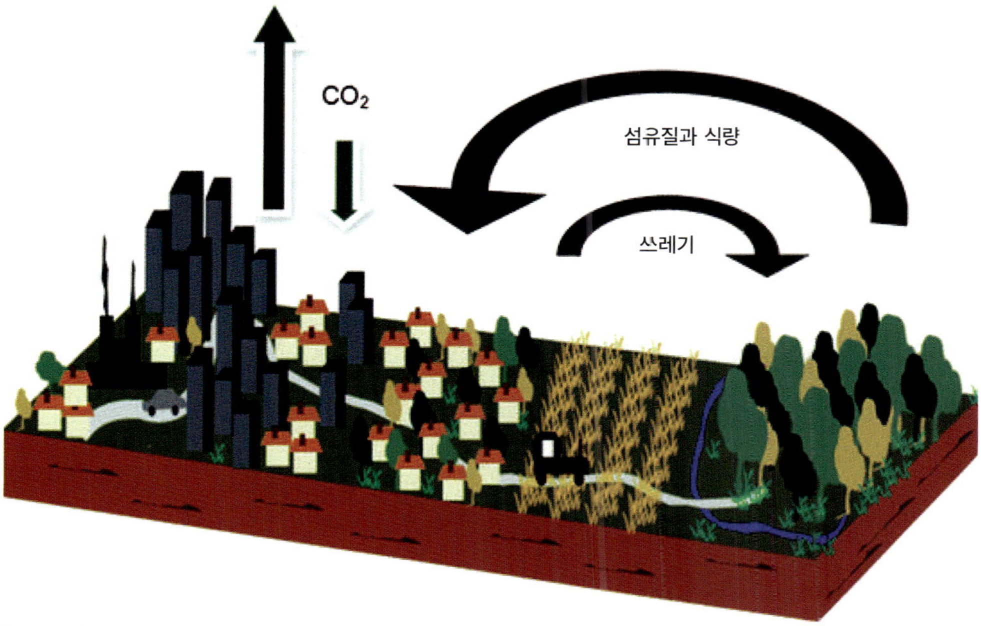

[그림 1.5] 도시 생태계의 탄소 순환

화석 연료의 이용에 의한 탄소 배출량은 식생과 토양에 의한 탄소의 흡수와 저장에 의해서 상쇄된다. 따라서 도시 기후와 오염에 대한 식생의 반응은 도시 탄소 순환의 이해와 계량화에 있어 가장 중요한 이슈 중의 하나다.

[그림 1.6] 녹색 도시 룩셈부르그.

(1) 룩셈부르그 전체 토지면적의 1/4이 녹지로 덮혀 있으며 많은 녹지 공원과 계곡이 도시를 통하여 펼쳐져 있음

(2) 유럽 녹색 도시 지표에 따르면 룩셈부르그는 유럽의 6번째의 녹색 도시임

자료 출처: Luxembourg Cityscape and Clausen Viaduct Stock Photo

1.1.5 유엔 생태 복원 10년(The UN Decade on Ecosystem Restoration: 2021-2030) 이니셔티브

'유엔 생태 복원 10년'은 전 세계적인 생태계의 파괴를 방지하고 복원하는 2021년부터 2030년까지 10년간의 노력이다. 건강한 생태계는 농업, 어업, 임업, 관광업과 같은 산업을 유지하며 12억의 사람들을 고용하고 있다. 미국의 경우, 생태 복원 산업은 250억 달러에 달하는 산업이며 220,000명이 일하고 있다. 이 수치는 석탄 산업, 벌목 산업은 물론 철강 산업보다 고용 인원이 더 많은 것으로 알려져 있다. 범지구적인 차원에서 볼때 생태복원에 투자되는 1달러는 7~30달러의 경제적 이익을 가져올 수 있다(World Resource Institute, 2021).

건강한 생태계는 기후변화 대응에 있서 핵심적인 것이다. 규모에 따라 자연이 보호되고 복원되면 2030년까지 2도 C 이하로 지구의 온도를 유지하기 위하여 전 세계가 필요로 하는 년간 배출 감축량의 1/3 이상을 제공할 수 있다. 세계의 산림만의 경우 미국이 매년 배출하는 탄소량보다 1.5배 더 저장하고 있으며, 만일 자연 상태로 갱신(천연 갱신) 되도록 놓아둔다면 매년 지구 전체 CO_2 배출량의 23%를 흡수 할 수 있을 것이다.

하나의 종합적인 연구 결과에 의하면 108개의 다양한 생태계가 파악되었으며 복원 기술은 생태계의 종류와 위치에 따라 다양하다. 생태계의 유형별로 구체적인 복원 기술은 "4.5 생태 복원"에서 다루어진다.

1.1.6 산림 금융의 촉진을 통한 저 배출 협의체: The Leaf Coalition(2021)

2021년 4월 21일 기후지도자정상회의(Leaders Summit on Climate)에서 정부와 기업들은 LEAF(Lowering Emissions By Accelerating Forest Finance) 협의체의 발족을 발표했다. 이 협의체는 열대림의 보호를 통해 기후행동을 촉진하는 야심찬 새로운 공공-민간 부문의 협력 이니셔티브이다. 이 이니셔티브는 최소한 10억 불을 조성하여 열대림의 보호를 돕고 열대림에 의존해서 삶을 영위하는 10억 명에게 혜택을 주며 지속가능 발전의 지원을 목적으로 하고 있다.

미국의 대통령 기후 특사 존 케리(John Kerry)는 "LEAF 협의체는 기후 위기에 대응하고 범지구적으로 2050년까지 순 제로 배출량을 달성하는 데 필요한 협력의 규모와 형태에 있어 획기적인 사례이다. 정부와 민간 부문 자원의 결합은 열대와 아열대 산림의 벌채를 막고 훼손된 산림의 복원에 동원되어야 하는 대규모 노력을 지원하는 필수적인 단계이다." 라고 말했다.

LEAF 협의체 이니셔티브에는 초기 참가 국가로 미국, 영국, 노르웨이 정부가 참여하게 되며 아마존(Amazon)을 비롯한 다수의 일류 회사들이 참여한다.

미국의 비영리단체인 이머젠트(Emergent)가 LEAF의 행정 조정 기구로서 역할을 하고 거래를 촉진하는 플랫폼을 제공할 것이다(Sustainable Trade Initiative, News article, 22 Apr 2021).

1.1.7 G7 자연 협정(Nature Compact) (2021)

2021년 영국(Cornwall)에서 열린 G7 정상 회의에서는 미국이 주도하는 인프라 구상인 '더 나은 세계 재건'(Build Back Better World: B3W)에 합의했다. G7 지도자들은 2030년까지 생물 다양성의 손실을 막고 산림 벌채, 해양 쓰레기와 불법 야생 동물 거래의 해결을 위한 약속에 동의했다(Rachel Cooper, Climate Action, 15 June 2021). 특히, G7 국가들은 기후 위기를 해소하고 자연을 보호하기 위한 대책의 일환으로서 개발 도상 국가의 인프라 사업에 금융 지원을 하기로 동의했다.

G7 국가들은 "G7 Nature Compact"를 발표했다. 기후변화가 생물 다양성 손실의 하나의 주요한 원인이라고 보고 기후변화의 대응에 생물 다양성의 보호, 보전과 복원이 꼭 필요함을 강조했다. 이 협정은 다음과 같은 사항들을 담고 있다.

- ▶ 자연에 부정적인 영향을 미치는 지속 불가능하며 불법적인 활동에 대응하기 위하여 인센티브를 전환하고 모든 적절한 수단을 사용하도록 함
- ▶ 모든 재원을 동원하여 자연을 위한 투자를 증가시키며, 경제적, 재정적 의사결정에 자연이 고려되도록 함.
- ▶ 생물 다양성의 손실을 막고 기후변화 대응에 대단히 중요한 생태계를 보호하고, 보전하며, 복원토록 함. 2020년 말까지 지구 토지의 적어드 30%와 해양의 30%를 보전하고 보호하는 목표를 지지함.
- ▶ G7 국가들이 속해 있는 모든 다자간 환경협정 (Multilateral Environmental Agreements)의 책임과 이행 메카니즘을 통하여 자연을 위한 국내 행동과 범지구적 행동을 확실히 하도록 함.

모든 G7 국가들이 장기적인 순 제로 약속을 하고 있지만, 주요 증권 시장의 지표를 보면

이들 국가의 규모가 큰 회사들은 2도 C경로를 지키기에는 아직 멀었다는 우려가 나오고 있다(World Resource Institute, WRI DIGEST, 2021).

1.2 통합 플랫폼 개념의 등장

1.2.1 4차 산업 혁명과 자연 환경의 재생

몇년 전 코엑스에서 개최된 4차 산업혁명 기술과 관련된 여러 전시회와 세미나에 다녀와서 그 소회를 글로 정리했다. 이 곳 코엑스에서는 “한국전자전”, “2017 스마트 비즈 엑스포(사진 1.1)”, “사물 인터넷 국제전시회”, “한국 스마트 그리드 엑스포”, “소프트 웨이브 2017”, “스마트 테크 컨퍼런스”, “블록체인, 서울 2019(사진 1.2)” 등과 같은 행사가 있었다. 2019 스마트 헬스케어, 스마트 팜, 스마트 도시, 사이버 안보, 그린 에너지와 같은 분야의 행사도 있었다. 우리 사회의 화두가 된 4차 산업혁명에 대한 관심을 엿볼 수 있는 대목이다. 이들 전시 행사장에는 4차 산업혁명과 글로벌 시장 트렌드에 관한 정보, 각 분야별로 개발되고있는 최신의 혁신 기술이 잔뜩 담겨 있었다. 대기업 뿐만 아니라 수많은 중소기업과 대학 그리고 정부출연기관들이 저마다의 기술을 각자의 부스에 전시, 미래의 도전에 대비하고 있었다. 4차 산업혁명은 우리 사회의 미래 불확실성을 증가시킬 것이라는 우려가 있지만, 이곳에서 만큼은 인공지능, 클라우드 컴퓨팅, 가상현실, 사물인터넷, 빅데이터 등 각종 혁신 기술을 이용한 일자리 창출이 확실해 보였다. 4차 산업혁명(4IR)은 물적, 디지털, 그리고 생물학적 세계를 융합하는 혁신 기술로 설명되어진다. 이 같은 기술은 수십억의 사람들을 웹과 연결시켜 비즈니스 및 조직의 효율성을 개선시키고 보다나은 자산관리를 통하여 자연환경의 재생도 돕는 거대한 잠재력을 가지고 있는 것으로 평가되고 있다. 스마트 투자 촉진으로 디지털 순환경제와 기후 경제의 활성화도 기대된다. 때마침 얼마 전에 4차 산업혁명 위원회가 발족된 것으로 전해졌다. 그동안의 4차 산업혁명에 대한 많은 담론과 제안을 토대로 몇 가지 제안을 하고자 한다.

첫째, 4차 산업혁명 기술의 가치 사슬을 분석하자. 디지털 기술이 갖고 있는 스마트성 추구와 함께 유엔 표속가능 발전 목표가 추구하는 지속성과 기후 책임성이라고 하는 일류의 보편적 가치와 사회적 목표 달성에 기여하는 운영이 되어야겠다. 기술의 공공성을 저버린 기술 낙관론자들 중심의 운영은 곤란하다. 인공지능과 기계학습의 예측력 증가에 따른 사회적 영향도 위원회의 업무에 포함되어야 한다.

둘째, 통합 기술 체계를 도입하자. 단위 기술만의 전략은 4차 산업혁명에 대한 해답이 될 수 없다. 개별적인 기술 데이터 세트와 보고서를 분석, 통합하는 전략의 수립에 나서기 바란다. 실제로 코엑스에서 전시된 대부분의 기술은 아직도 사일로에 갇혀, 단위 기술 개발 자체에만 집중하고 있었다. 부처 간, 기술 간의 벽을 허물어야겠다.

셋째, 디지털화된 사회적 서비스를 도시 및 지역 공간의 물적 시설과 통합하자. 이를 위해 모든 기술의 개발은 민간에 의한 현장에서의 설치와 상용화를 고려할 필요가 있다. 보다 전향적으로 도시 및 지역 혁신 사업에서 디지털 비즈니스를 발굴하고 국제 경쟁력 확보를 위한 유망 기술의 사업화 우선순위도 마련해야 한다.

우리 곁에 다가온 디지털 혁명은 새로운 접근을 요구하고 있다. 사회적 합의에 바탕을 4차 산업혁명 아젠다에 대한 전략과 행동계획의 마련이 시급하다. 4차 산업혁명의 저자인 슈바프 교수가 제시한 4차 산업혁명의 준거틀, 사업 주체별 역할, 새로운 기술이 정부, 비즈니스, 시민사회와 개인에 미칠 주요 영향, 예시된 기술과 사업을 토대로 국제사회에 대한 확실한 명분과 실리를 살려 우리의 전략과 계획을 마련할 필요가 있다. 4차 산업혁명의 실현을 위한 국가적 역량 강화와 대국민 인식의 확대도 필요하다. 이와 같은 노력들이 일자리 창출의 국정 비전을 달성하고 탈 탄소 사회를 향한 탄소 중립 도시 조성 노력에 기여할 수 있기를 기대해 본다.

[사진 1.1] 한국 스마트 그리드 엑스포(Coex)

[사진 1.2] 블록체인 엑스포(Coex)

1.2.2 스마트 도시의 개념

지금까지 여러 전문가와 기관에 의해서 정의된 스마트 도시의 개념은 다음과 같이 요약될 수 있다.

- ▶ 기후변화, 환경오염, 산업화, 도시화에 비효율 및 다양한 도시 문제를 해결하기 위해 자연친화적 기술과 ICT 기술을 융·복합한 미래 지속가능한 도시Ÿ
- ▶ 사물 인터넷(IoT : Internet of Things), 사이버 물리 시스템(CPS : cyber physical systems), 빅데이터 솔루션 등 최신 정보통신기술(ICT)을 적용한 스마트 통합 플랫폼을 구축하여 도시의 자산을 효율적으로 운영하고 시민에게 안전하고 윤택한 삶을 제공하는 도시
- ▶ 도로, 항만, 수도, 전기, 학교 등 도시의 인프라를 효율적으로 관리하고 공공 데이터를 수집·활용하여 교통, 에너지 등 다양한 도시 문제를 해결하고 새로운 가치를 창출하는데 목적이 있음. 스마트 시티는 기존 유-시티(u-city)와 유사하지만, 사물 인터넷(IoT)과 인공 지능(AI) 기술이 결합된 차세대 개념임(그림 1.7)

[그림 1.7] 개념적 스마트 도시 모형: 토지 이용, 교통, 스마트 환경, 스마트 물, 스마트 공공 안정성, 스마트 농업, 스마트 그리드/에너지, 스마트 건축물, 스마트 쓰레기 처리 시스템과 같은 물적 세계와 디지털 세계가 인터넷으로 연결되어 있음

1.2.3 기후 스마트 도시의 개념

한편 기후 스마트 도시는 스마트 도시의 한 유형으로서 다음과 같이 정의될 수 있다.(그림 1.8)

[그림 1.8] 기후 스마트 도시의 이미지
자료 출처: Gordon Fellor, Internet of Everything: Revitalizing cities, citizens and urban systems, June 6, 2016, unpaged

- ▶ 기후변화에 대응하기 위해 도시공간에 ICT를 기후변화에 대한 통합적 해결책으로 배치한 스마트하고 기후친화적인 도시
- ▶ 도시의 각 부문과 기능이 디지털 기기로 연결될 뿐만 아니라 각종 지속가능 기술이 도입되는 도시로 정의될수 있음. 모든 것이 상호 연결되어, 도시의 지속성, 회복탄력성, 순환성, 효율성과 연결성을 유지시켜 주는 지속가능 미래도시를 말함. 이 도시는 도시 정책과 계획 과정의 모든 단계에서 기후변화 저감과 적응 대책을 ICT와 지속가능기술을 이용, 융·복합하게 됨
- ▶ 인공 신경망 네트워크 개념을 바탕을 둔 스마트 그리드내 기후변화 저감과 적응 인자를 포함시킨 새로운 통합도시 모형임

1.2.4 기후 스마트 현명도시의 개념

생태도시, 지속가능 도시, 스마트 도시, 기후 스마트 도시와 함께 자원현명 도시가 등장하면서 기후 스마트 자원 현명 도시주의(climate smart and resource wise urbanism)가 등장하게 되었다. 기존의 계획 원칙인 효율성, 지속가능성, 연결성, 순환성, 회복가능성에 추가해서 환경온전성(environmental integrity)과 자원 현명성(resource wisdom) 원칙이 기후 스마트 현명 도시주의의 탄생에 기여하고 있다. 그림 1.9는 국제적 소명이 필요한 경관 생태적 연결성을 보여주고 있다. 특히 탄소 중립성 원칙이 국제 사회의 화두가 되면서 환경온전성 관점에서의 새로운 개념과 접근방법은 19세기와 20세기에 좁은 의미로 해석되었던 도시계획의 모든 측면을 개혁시키고 있다. 환경온전성의 원칙은 필수적인 과정을 지탱시킬 수 있는 건강한 자연계를 서술하는 복합적인 개념을 표현해준다. 지속가능성의 원칙은 환경 상태의 유지를 일컫는 환경온전성을 포함한다.이것은 인간의 활동이 환경 용량의 범위를 벗어나 생태계와 지역사회를 지나치게 파괴해서는 안된다는 것을 의미한다.

파리 협정은 아주 다르게 환경온전성을 정의하고 있다. 여기에서 환경온전성은 자연계를 의미하지 않으며 배출 감축량(units)의 양여를 의미한다. 국제 시장 메카니즘의 맥락에서 국가자발적감축계획(NDCs)이 국내 활동을 통해서 달성되는 경우에 비해서 배출량의 양여가 더 많은 전지구적 배출량을 가져오지 않을 때 환경온전성이 담보될 수 있다고 본다. 따라서 환경온정성은 시장 메카니즘의 효율성과 신뢰성의 중심에 자리를 잡고 있다.

[그림 1.9] 경관생태적 연결성

환경온전성의 유지를 위한 자연계의 정의와 국제 시장 메카니즘의 정의사이에는 뚜렷한 차이가 있다. 스마트 현명 도시 계획 체계는 통합적 준거 틀내에서 서로 다른 두가지 정의를 연결하는 중요한 메카니즘을 제공한다. 도시 전체의 자원 잠재성의 이용을 위해 위해 스마트 네트워킹과 혁신적인 컴퓨터상의 사이버-물적 솔루션(cyber-physical solutions)을 도입한다. 혁신적인 솔루션은 개개인, 지역사회는 물론 도시 전체의 자원을 현명하게 회복하고 관리할 수 있도록 도와줄 수 있기 때문이다.

1.2.5 탄소 중립 도시의 개념

국제도시의정서(GPC: Global Protocol for Cities)와 C40 도시와 뉴욕 시장의 지속가능성 사무실 보고서 (Report by C40 Cities and New York City Mayor' Office of Sustainability)와 같은 온실가스 계정과 목표치 설정 프로토콜은 "탄소 중립성"과 "순 제로"에 대해서 언급하고 있으나 탄소 중립 도시를 확실하게 정의하고 있지 않다. 또한, 도시가 탄소 중립 계획을 수립하고 이행 전략를 개발하는데 필요한 상세한 지침도 아직 제공되지 않고 있다. 특히, 탄소 중립성 목표 달성을 위한 자연 기반 솔루션의 준거틀, 절차와 방법론은 아직 개발 단계에 있다.

1.2.5.1 규범적 정의(normative definition)

탄소 중립 도시는 배출되는 탄소량과 흡수되는 탄소량 사이의 균형을 갖춘 도시로 정의될 수 있다. 야심찬 사업 시나리오의 경우 목표 년도의 순 제로(0) 배출량을 의미한다. 이와 같은 정의는 그림 1.10과 같은 등식 모형으로 설명되어 진다.

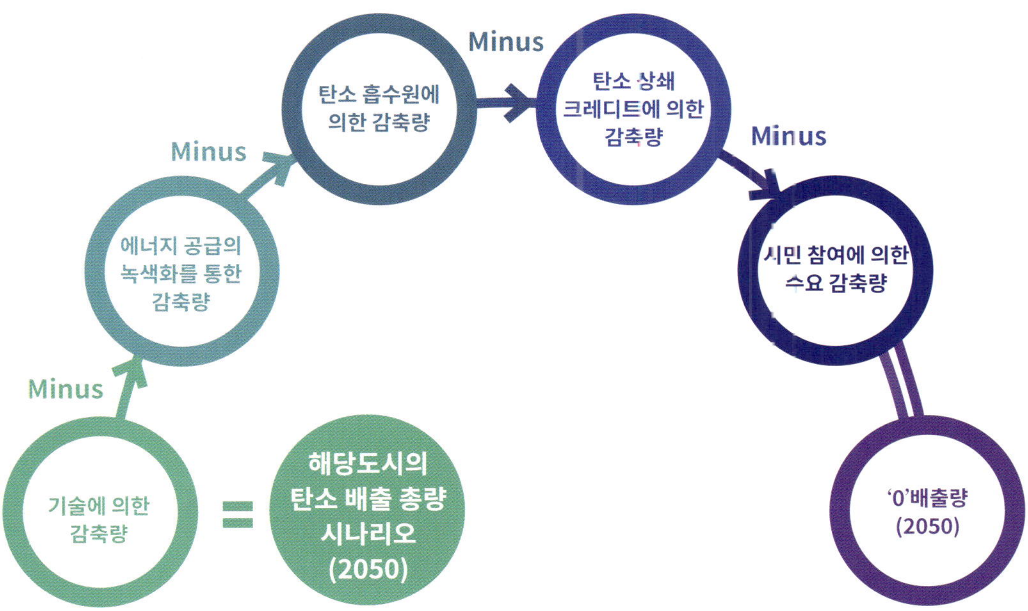

[그림 1.10] 순 제로(0) 탄소 중립성 모형

1.2.5.2 조작적 정의(operational definition)

그러나 실제로는 계획적인 측면에서 탄소 중립 도시는 목표치 설정 방법에 따라 다양하게 정의 되고 있다. 목표치 달성에 필요한 많은 전략과 대책 그리고 사업 활동은 매우 다른 경로를 밟아 장기간에 걸쳐서 개발되고 시행에 옮겨져야 되기 때문이다. 도시 프로파일을 면밀히 분석하고 현재의 탄소 발자국을 토대로 다음과 같은 4가지 방법으로 목표 년도의 탄소 중립 목표치를 설정할 수 있다.

대안 1: 달성 가능한 목표치 설정
대안 2: 사회적으로 바람직한 목표치 설정
대안 3: 규범적 접근으로서 필수적인 목표치 설정(1.5도 혹은 2도 C 고려)
대안 4: 시민의 필요(needs)를 만족시키는 목표치 설정(소비 기반형 탄소 계정 시스템)

1.2.5.3 탄소 중립 도시의 이미지

이 책을 통해 제안될 "탄소 중립 도시 네트워크" 이니셔티브가 빠른 시일내에 전개되어 탄소 중립 도시 계획의 목표치가 달성되고 순 제로 미래의 이미지가 우리 앞에 현실로 펼쳐지기를 기대해본다. 아래의 그림 1.11, 그림 1.12과 그림 1.13은 탄소 중립 도시의 이미지를 보여 준다.

[그림 1.11] 탄소 중립 도시 만들기
자료 출처: leekuanyewworldcityprize.gov.sq

범례	
1. 토지 이용	- 저탄소 용도 지구 - 자연 토지와 작업 용지(NWL
2. 공간 계획	- 대중 교통 지향형 공간 개발
3. 에너지	- 재생에너지 연결형 커뮤니티 스마트 마이크로 그리드
4. 교통	- 교통 흐름과 혁신적 상호 연결
5. 건축물	- 저 에너지 건축물 개보수
6. 그린 인프라	- 물-녹지-바람의 연계시스템
7. 산업	- 스마트 공장 플랫폼
8. 물	- 통합 스마트 물 그리드 플랫폼
9. 폐기물	- 스마트 폐기물 처리 플랫폼
10. 스마트 디지털 기술과 거버넌스	- 디지털 전환 - 전자 거버넌스
11. 탄소 금융	- 녹색 투자
12. 표준과 직업 규약	- 에너지 효율성 - 탄소 중립 도시 지침

[그림 1.12] 탄소 중립 도시 이미지: 탄소 없는 거리 걷기

스마트 에너지 시티 [나주 빛가람 혁신도시]

1. 사업목적 개요

지속가능한 스마트에너지 환경 구축 및 스마트시티 해외수출 Test-bed 구축, 사업기간: '16.6~'19.5(36개월)

※ 구성도

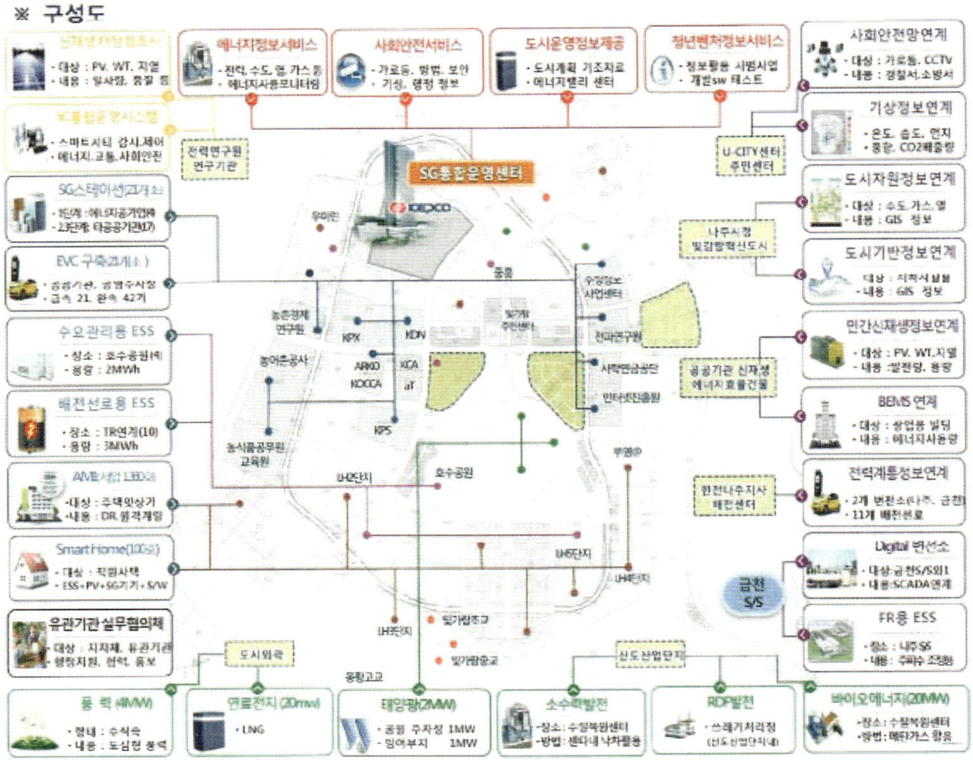

* 스마트시티: 기후변화, 환경오염, 산업화, 도시화에 따른 비효율 및 다양한 도시문제를 해결하기 위해 자연친화적 기술과 ICT 기술을 융복합한 미래 지속가능 도시

2. 주요특징 신재생에너지 체험, 교육을 제공하는 테마공원 조성으로 에너지 수도 위상제고

SG인프라, 도시기반시설·운영정보 통합운영시스템으로 부가서비스 제공

3. 기대효과 에너지 자급율 20% 달성, 효율 15% ⬆

[그림 1.13] 탄소 중립 도시 모형: 스마트 에너지 시티

자료 출처: 한국 전력, 신산업기획처, 한국전력 에너지신산업, 2017, p 20

필자의 탄소 중립 도시 비전에 관한 “The Kore Times” 기고문

10 THURSDAY MARCH 19, 2009 — ANALYSIS & FEATURE — The Korea Herald

Cities in the age of low carbon, green growth

It is time to connect urban planning with challenges of global climate change

Green Growth: Korea's New Strategy (9)

Kim Kwi-gon

Figure 1. Features of an eco-city

Figure 2. The carbon cycle

Table 1. The basic approach and details of the low carbon green city project

What is an ecological footprint?

We have effective ways to both decrease our carbon footprint and adapt to climate change through urban planning techniques that incorporate energy conservation, use of renewable energy, and ecological restoration. Now we need to formulate and implement climate action plans that incorporate these techniques at all levels, spanning from global to local, to reach our goals for sustained prosperity for ourselves and all future generations

Figure 3. The conceptual model of low carbon green city

Evolution of the eco-city or sustainable city

Climate action planning for low carbon green growth

Suggestions for creating low carbon green cities

Time to act

2009.03.19. 목.

1.2.6 자연기반형 솔루션(NBS)의 개념

자연기반형 솔루션은 순 제로 탄소 중립성을 달성에 필요한 게임 체인저(game changer)이다. "녹색, 환경온전성과 탄소 중립성"으로의 전환할 필요성에 새롭게 도시의 관심이 모아지고 있다.

과학적인 연구와 실증적인 자료에 의하면 자연 기반 해법 솔루션은 기후변화 저감과 적응을 위한 필수적인 도구임이 분명하다. 연구에 의하면 NBS는 2도 C 아래로 온난화를 안정시키기 위하여 2030년까지 필요로 하는 비용-효과적인 저감의 약 30%를 제공할 수 있다. 새로운 세계은행 보고서는 자연에 의해서 제공되는 생태계의 서비스 붕괴는 2030년까지 년간 2.7조 달러에 달하는 전 지구적 국내총생산(GDP)의 감소를 가져올 것이라고 추정했다. 특히 정책 혼합(policy mix)에 대한 연구 개발 투자가 중요하고 개발 도상 국가에 혜택을 줄 것이라고 지적했다(Rachel Cooper, Climate Action, 05 July 2021).

자연기반형 솔루션은 자연 생태계와 변경된 생태계를 보호하고 지속가능하게 관리하며 복원하는 행위로서 국제자연보전연맹(IUCN)에 의해서 정의된다. 이 솔루션은 기후변화, 식량과 물 안보, 자연 재해 등에 효과적이고 적응성있게 대응하는 동시에 인간의 복지와 생물 다양성을 향상시키는 데에 목적을 두고 있다.

지구의 모든 생물, 토양, 물, 산림과 습지는 지구의 탄소 순환(CO_2 cycle) 방식에 핵심적인 역할을 한다.

[그림 1.14] 해안의 맹그로브 숲

식물이 싹이 트고 성장함에 따라 화학적으로 광합성을 통해 탄산가스를 흡수한다. 식물은 뿌리, 줄기, 가지, 잎을 자라게 하고 꽃을 피우기 위하여 탄소를 이용하고 산소를 내뿜으로서 다른 생명체를 유지시켜 준다. 식물이 고사하면 약간의 탄소는 대기로 되 돌아 가지만 약간의 탄소는 토양 속에 남는다. 식물이 탄소를 흡수하고 식물과 땅 속에 탄소가 저장되는 것을 탄소 격리(carbon sequestration)라고 부른다.

1.3 도시 밸류 체인(Urban Value Chain)에 있어서의 경쟁력 확보

가치 사슬은 도시 탄소 중립성을 달성하기 위한 계획 활동의 완전한 사슬을 서술하는 개념이다. 가치 사슬 분석은 도시의 전략적 개발 잠재성과 역량 그리고 경쟁력의 인식을 가능하게 해준다. 이 분석은 가치 사슬의 연계성, 종속성과 기타 패턴을 나타낼 수 있다.

아래 그림 1.15는 자연계와 인공계 그리고 사회-자연계의 상호 작용과 환류를 예시해 주고 있다. 자연 기반 솔루션을 이용하여 식생과 물에 의한 탄소 격리를 증가시키고 탄소 배출량을 감축시키는 잠재성을 앞에서 언급한 두 시스템(그림의 상위: 사회계, 그림의 하위:자연계)과 연계시켜 보여 준다.

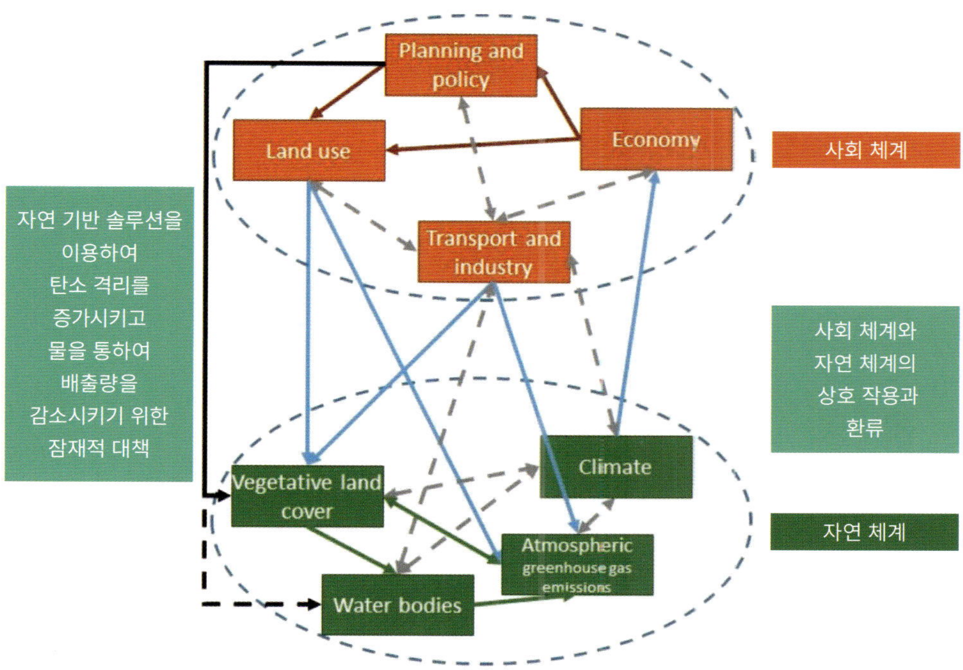

[그림 1.15] 탄소 중립성 목표 (2045) 달성을 위한 도시 계획과 정책 개선 요건: 스웨덴의 사례

제 2 장 탄소 중립 도시 계획의 현황과 추세

탄소 중립성 목표 달성을 향한 도시경쟁이 시작되었다. 이 장에서는 탄소 중립 도시 계획의 현황과 추세를 비교 분석해보고자 한다.

2.1 탄소 중립 도시의 아이콘 사례 고찰

살기좋은 도시의 기준과 접근 방법이 바뀌고 있다. 삶의 질(QoL)은 오래 전부터 도시들의 화두였다. 개발과 성장이 곧 가치 였던 시대에는 경제 발전을 나타내는 지표가 살기 좋은 도시를 가르는 척도였다. 그러나 기후 온난화로 인한 기후변화가 인간과 다른 생물의 생존을 위협하면서 '살기 좋은'의 기준과 판도가 뒤바뀌고 있다. 지속가능성을 고민하고 기후변화에 모범적으로 대응하기 위하여 '탄소 중립 계획 2050'을 수립한 주요 도시들의 탄소 중립성을 추구하는 방법을 살펴본다.

다음 세대의 탄소 중립 도시 계획가들은 탄소 중립 도시 사업을 평가하고 투자 타당성을 다룸에 있어서 지금까지와는 다른 도전에 직면할 것이다. 새롭고 혁신적인 접근을 요구할 것이기 때문이다. 필자가 대표적인 사례로 비교 분석 해본 탄소 중립 도시 계획의 공통점은 "변화(transformation)"이다. 이 절에서는 성공적으로 탄소 중립성을 추구한 계획들의 특징을 살펴보고자 한다.

2.1.1 파리 기후행동 계획(2050): 자연, 순환경제와 디지털 도구가 어울려 펼쳐지는 계획

2018년에 작성되어 2019년에 수정된 "기후행동 계획(CAP): 탄소 중립 도시와 100% 재생에너지를 향하여"는 가장 종합적인 탄소 중립 계획(2050)의 사례로 평가 받고 있다.(그림 1.14) 이 계획의 특징은 자연 기반 해법 솔루션의 시각에서 다음과 같이 요약될 수 있다.

2.1.1.1 전반적인 특징

이 계획의 특징은 자연 기반 해법 솔루션의 시각에서 다음과 같이 요약될 수 있다.

[그림 2.1] 탄소 중립 도시와 100% 재생 에너지를 표방하는 파리 기후행동 계획

1. 도시 전체를 하나의 생태계로 보고 접근
2. 파리시 도시 생태처(Urban Ecology Agency)에서 담당
3. 지방 경제를 활성화 시키기 위한 생태적 전환 정책 수립
4. 순환 경제 미래 비전의 실현을 위한 도시 농업 장려
5. 도시 내 자연 지역 및 일반 녹지 면적의 확대
6. 생태적 도시계획, 토지 이용과 생애주기 환경영향 평가와 연계
7. 파리시와 인접 지역 간의 탄소 상쇄 크레디트의 거래 촉진
8. 디지털 도구의 이용: 탄소 중립 도시의 목표 달성을 위한 기술적 해결책
   - '3차원 지리정보체계(GIS) 파리 프로젝트' 전개
   - 도시 프로젝트의 생태적 영향 평가 도구로 활용
   - 주민 등 이해당사자와 시각적 데이터 공유
9. 모범적 선도 지구(district) 개발

2.1.1.2 파리 탄소 계정 모형

탄소 중립은 파리기후협정의 핵심 원칙으로 국제적으로 받아들여진다는 인식하에 2050년까지 순 제로 배출량을 달성하기 위하여 온실가스 배출량을 최대한 줄이고 남는 오염물질에 대해서는 탄소 상쇄 도구를 도입하는 탄소 계정 방법을 채택한다.

파리의 탄소 상쇄 사업 플랫폼을 위한 5개의 "탄소 상쇄 지침"을 마련했다.

2.1.2 제로 탄소 런던(2050): 기후 인프라 통합 플랫폼 방식의 해답

"제로 탄소 런던 2050"은 전체 체계 접근법(whole system approach)의 시각에서 공간 개발, 새로운 디지털 기술, 데이터 저장과 의사소통을 환경 전략과 통합시킨 통합 플랫폼의 좋은 사례이다. (그림 1.15)

[그림 2.2] 제로 탄소 런던 (2050)

런던은 2050년까지 1990년 수준의 80%까지 온실가스 배출량을 줄이겠다는 국가 목표를 초월해서 2050년까지 제로 탄소를 약속했다. 이 목표의 달성을 위한 투자를 늘리면서 지속 가능 경제의 붐을 맞고 있다(mattew.thomas@london.gov.uk).

2.1.2.1 공간 개발 전략

시장의 "대 런던 공간 개발 전략(2017)"은 런던 개발을 위한 새로운 비전으로서 모든 자치구는 이 전략을 준수하도록 하고 있다. "런던 인프라 계획 2050"에서는 녹색 인프라를 인프라의 하나로 포함시키고 있다. 이 계획에서는 나무와 숲에 의한 그늘의 제공, 물의 배수(저영향 개발 : LID), 생물 다양성, 탄소 흡수, 보도 그리고 자전거 도로와 같은 녹색 인프라가 제공하는 모든 혜택의 계량화를 제안한다. (그림 2.3) 열밀도지도(heat density map)를 작성하여 공간 개발 전략과 에너지 전략을 연계시키고 있다.

[그림 2.3] 런던의 자연 기반 해법 (NBS) 이미지

그린 인프라의 투자에 대한 보다 전략적이고 장기적인 접근을 다룰 "그린 인프라 실무 작업단"을 설립했다. 이 작업단은 "국가 자연 자본 위원회(National Natural Capital Committee)"와 함께 일을 추진하며, 대 런던 작업단과 이 작업단의 파트너들은 다음과 같은 연구를 수행했다.

▶ 자연 자본 계정 시범 사업
- 투자 결정을 위한 가치를 산정했음

▶ 도시 녹지 공간 모형의 시험(test)과 개발

▶ 런던 i-수목 생태 평가(The London I-Tree Eco assessment)
- 이 평가는 수목과 수관에 의해서 제공되는 혜택의 평가에 목적을 두고 있으며 런던 도시림의 가치를 평가했다. 이 자료는 런던의 몇 개 도시 재생 단지에 활용되었다.

▶ 녹색 펀드의 조성
- 크고 작은 규모의 녹색 펀드를 조성, 런던 녹색 인프라 사업을 통합적이고 전략적으로 지원하고 있다.

2.1.2.2 에너지 전략

런던 에너지 전략의 특징은 저 탄소 경제를 향한 분산 에너지 방법론에서 찾아볼 수 있다. 아래의 그림 2.4에서 볼 수 있는 것처럼 이 방법론의 주요 주제는 다음과 같다.

▶ 능력 배양
▶ 에너지 기본 계획
▶ 계획의 준거틀
▶ 사업 정의 및 실행

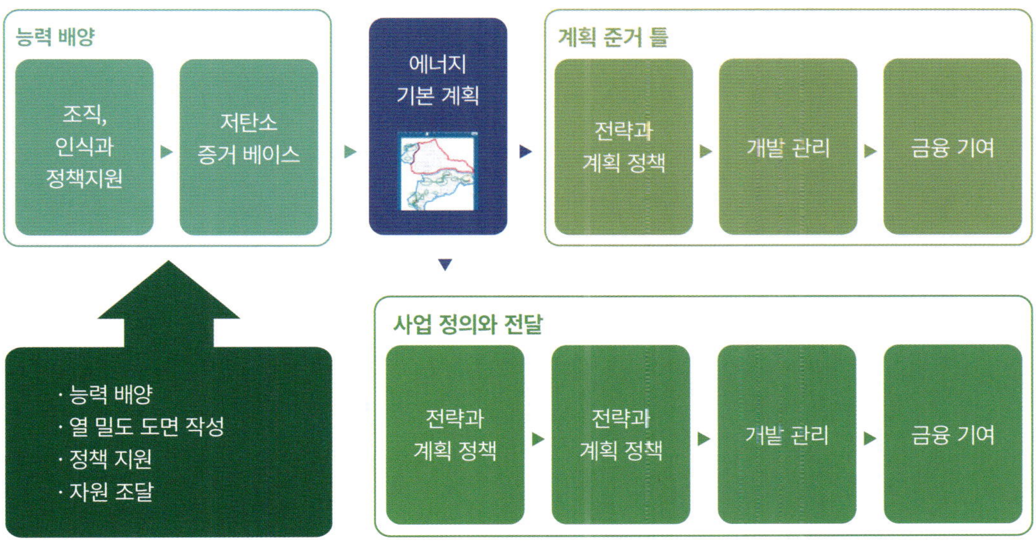

[그림 2.4] 런던의 에너지 전략

2.1.2.3 탄소 중립 대책의 통합과 최적화

디지털 연결성 강화를 위한 "연결성 자문 그룹(Connectivity Advisory Group)"을 설립하여 연결성 도구세트(toolkit)를 개발했다.

런던에서는 시민의 적극적인 참여를 허용하고 에너지 효율성을 향상시키며 성능을 최적화하기 위한 탄소 중립 통합 관리 서비스를 제공하고 있다.

아래 그림 2.5는 런던에서 쓰고 있는 탄소 중립 대책의 통합과 최적화 모형을 보여 주고 있다. 이 모형의 통제 전략은 그림 2.6에 포함되어 있다. 이 모형들의 특징은 인공지능(AI)을 이용하여 다음과 같은 기술을 활용하는 데에서 찾을 수 있다.

- 소프트웨어 공학기술(software engineering)
- 개방적인 의사 소통 프로토콜
- 실시간 역사 자료와 미래 예측 알고리즘
- 선도적 과정(process) 통제 기술의 배치와 스마트 도시 인프라 통합 관리

이 모형의 장점으로는 에너지 수요와 공급의 균형 관리, 새로운 시장에의 접근, 재정적, 환경적 비용의 절감을 꼽고 있다.

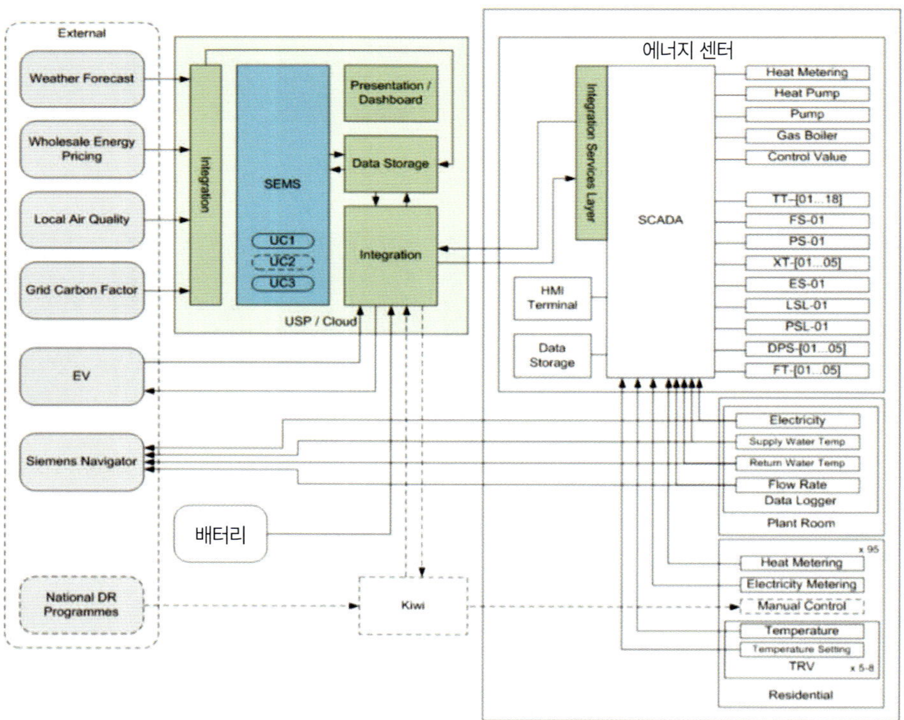

[그림 2.5] 통합과 최적화 방법

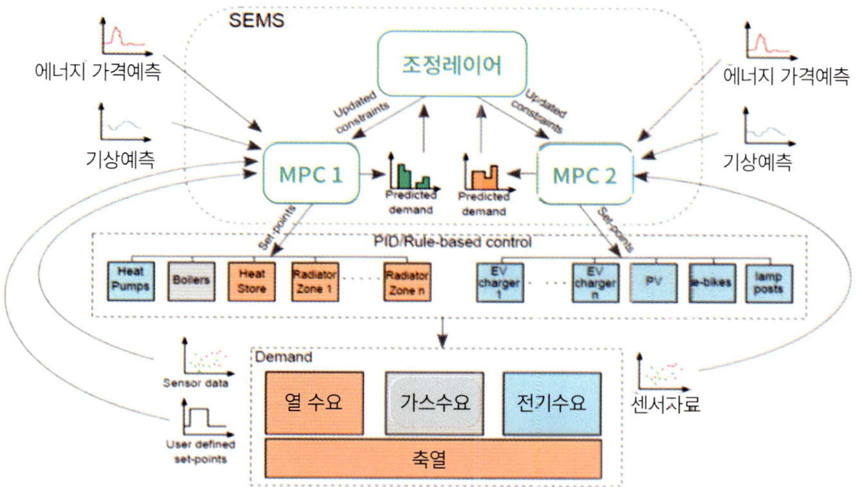

[그림 2.6] 통합과 최적화 방법의 통제전략

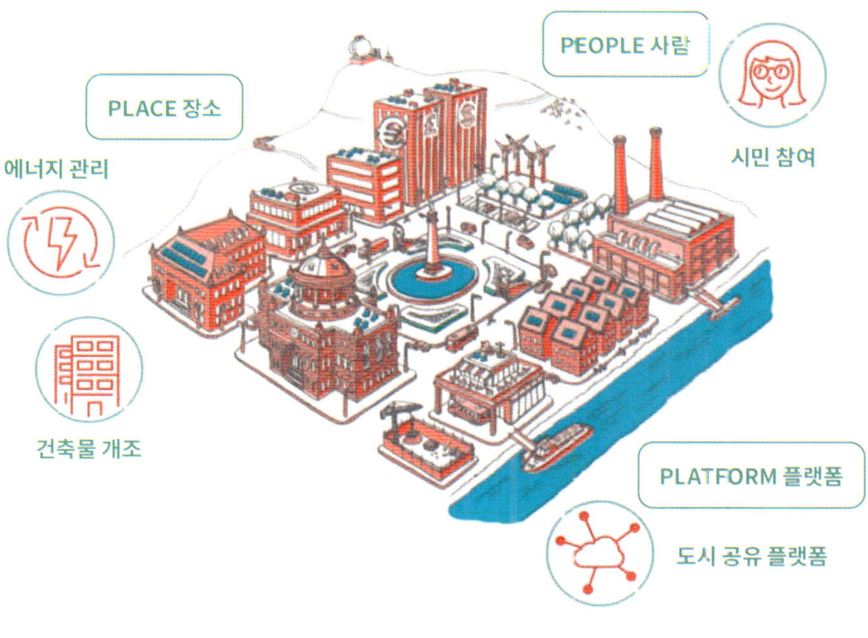

[그림 2.7] 전체 시스템 접근방법

그림 2.7은 디지털 기술의 힘을 빌린 "전체 시스템 접근 방법"을 보여주고 있다. 도시 공유 플랫폼, 건축물 개보수, 에너지 관리와 시민의 참여를 통합하여 장소와 사람 그리고 플랫폼을 연결시키는 접근을 채택하고 있다.

2.1.3 멜버른 기후변화 저감 전략(2050): 도시를 푸르게 하는 탄소 중립 삶의 방식

2.1.3.1 탄소 중립 공급 사슬(supply chain)

멜버른시는 2개의 큰 계약자 즉 Spotless 및 Serco와 배출량 상쇄를 위한 계약을 맺었다. 계약에 따라 이 두 계약자는 탄소 중립을 위한 서비스를 제공하고 있다. 탄소 중립 공급사슬은 멜버른시 배출량 감축 계획의 핵심적인 우선 사업이다.

2.1.3.2 주요 사업

- ▶ 탄소 중립 공급사슬 사업
- ▶ 재생에너지 사업
- ▶ 녹색 길 시범 사업(그림 2.8)
- ▶ 배출량 감축에 관한 정보 제공, 해결책과 장애요인 공유 사업

[그림 2.8] '트랩틱' 아파트, 사우스뱅크, 멜번
녹색 벽은 건축물의 인상적인 특징으로 평가되고 있으며 탄소 중립 녹색 사업의 일환으로 추진되고 있음

2.1.4 스톡홀름 탈 화석 연료 로드맵(2050): 무엇이든 연결되고 순환될 수 있는 도시

이 로드맵은 스톡호름이 스웨덴의 수도로서 그리고 국가의 성장 동력으로서 화석 연료를 쓰지 않고 온실가스 배출 수준을 줄이면 한편 지속 가능 성장과 인구 증가의 도전을 충족시키는 것이 가능하다는 것을 보여주는 데 목적을 두고 있다.

2.1.4.1 로드맵 2050

아래 그림 2.9은 스톡홀름의 지리적 경계내에서 기후변화를 야기시키는 가스 배출량의 변화를 보이고 있다. 이 그림에 의하면 2050년까지 화석 연료를 거의 사용하지 않는 계획을 가지고 있다.

Change in emission of climate-changing gases 기후변화 가스 배출량의 변화

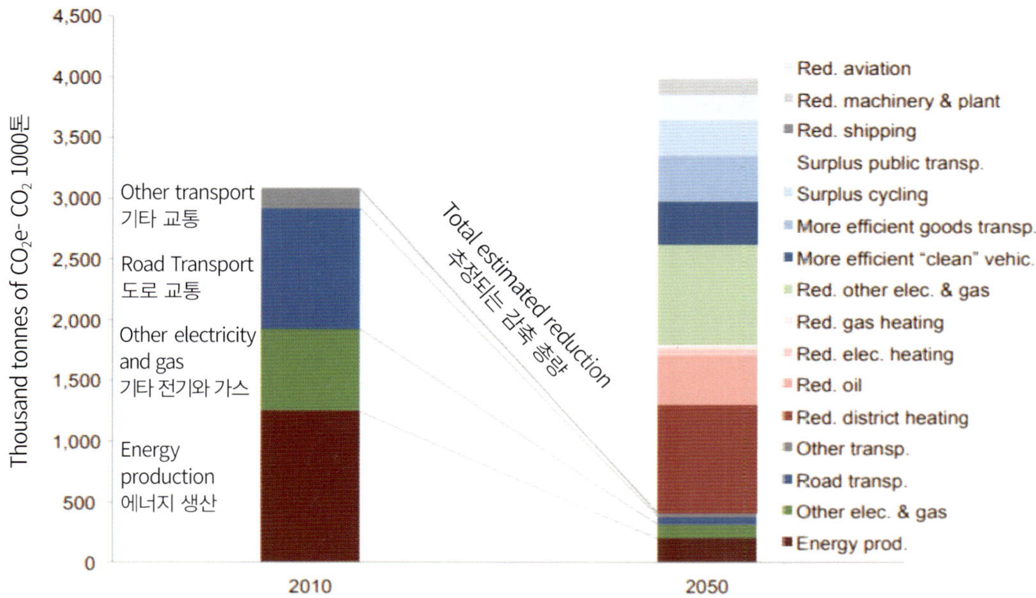

[그림 2.9] 기준 년도(2010)와 목표 년도(2050)의 온실가스 배출량:
(1) 2050년의 상향 조정은 예측되는 인구 증가에 바탕을 두었음.
(2) 2010년의 경우, 예외적으로 추워 2010년 수치 대신 정상적인 년도로 볼 수있는 2009년의 수치를 일부 분야의 기준 년도 자료로 선택했음

기준년도(2010)에 배출한 3,200,000톤의 온실가스를 목표년도인 2050년에는 450,000톤으로 줄이는 계획이 가능한 것으로 추정했다. 1인당 배출량의 관점에서 볼 때, 2010년의 년간 3.8톤에서 2050년에는 년간 1인당 0.4톤으로 줄어든다.

2.1.4.2 탄소 흡수암스테르담-

이 로드맵은 온실가스 배출량을 다루는 방법의 하나로 생태계와 산림, 호수, 바다, 습지와 같은 자연의 CO_2 흡수 능력을 향상시키는 대책을 포함하고 있다. 스웨덴의 주요 탄소 흡수원은 국가 온실가스 배출량 계정에 포함된다. 전 지구적 차원에서 임지는 탄소 흡수원이지만, 지역, 수령과 수종에 따라 CO_2 흡수 능력에 상당한 차이가 있음을 이 로드맵은 강조하고 있다.

2.5 암스테르담 기후 중립 로드맵(2050): 무엇이든 담을 수 있는 탄소 중립 메타버스 (metaverse) 플랫폼

2.1.5.1 '기후중립 암스테르담 2050'의 비전

암스테르담 로드맵의 비전은 다음과 같다.

- ▶ 넓은 의미에서 사회전환으로서의 에너지 전환
- ▶ 기후 정의를 지도 원칙(guiding principle)으로 채택
- ▶ 시민, 주 정부, 중앙정부 그리고 유럽과 파트너십 구성
- ▶ 지방 자치 단체로서의 주도적 역할 수행
- ▶ 수도 암스테르담으로서의 책임 수행

2.1.5.2 기후중립도시 성장

암스테르담은 기후변화이슈를 도시성장 전략과 연계하며 단계적으로 접근하고 있다. 그림 2.11은 탄소 중립목표(2050) 달성을 향한 대책의 중간경로(pathways)를 주요 년도 별로 도식화 해주고 있으며, 그림 2.10은 기후중립도시 성장패턴을 나타내고 있다.

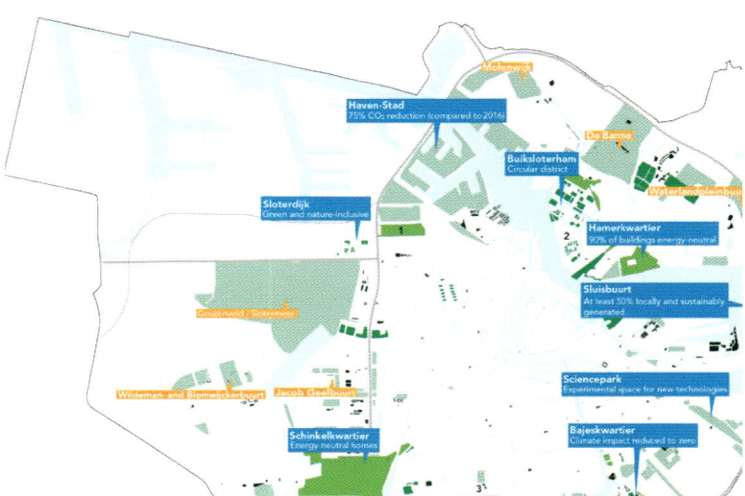

[그림 2.10] 기후중립도시 성장

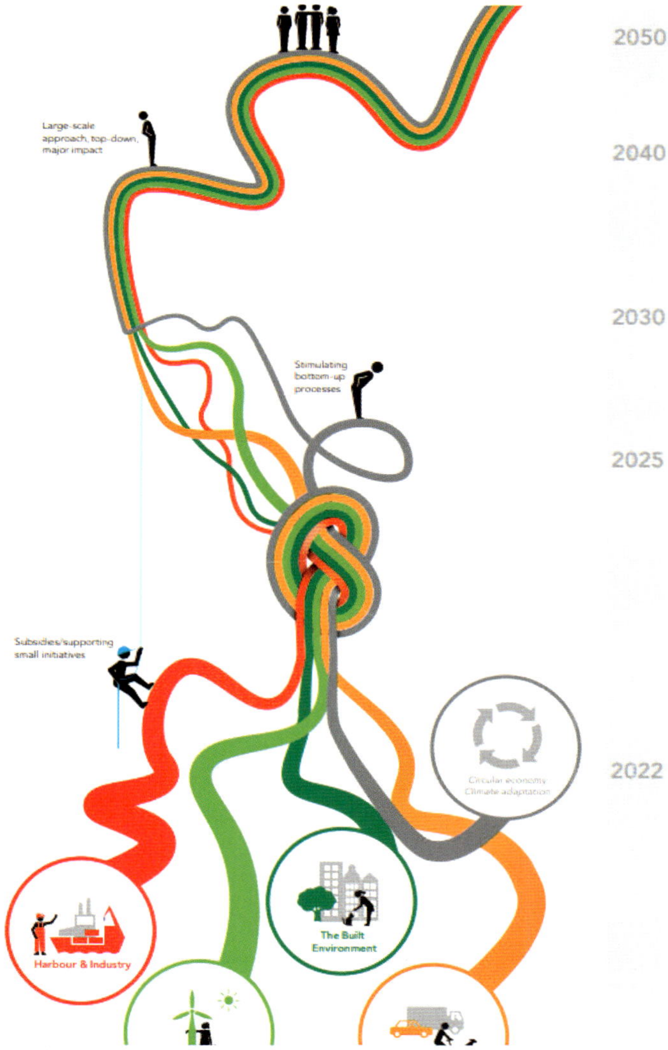

2050
- 모든 건축물의 탄소 중립화
- 모든 항구와 산업의 탄소 중립화 및 순환성 확보

2040
- 모든 암스텔담 지구의 탈 천연 가스화

2030
- 50 MW 풍력 발전 추가
- 적합한 모든 옥상의 50%에 태양 전지판 설치 (550 Mw)
- 시 조직의 탄소 중립화
- 교통의 탈 탄소화
- 사무실의 에너지 라벨 A 등급화

2025
- 모든 풍력 발전 시설에 대한 허가증 발급
- 탄소 포집 시스템의 현실화

2024
- 100 MW 전기분해 공장의 현실화

2023
- 기업들의 탄소 배출량 감축 (2019년의 1.5%에서 2023년에는 3%로 감축)

2022
- 3개 지구/12개 근린주구의 탈 천연 가스화

2020
- 에너지 중립 건축물에 관한 국가 법률의 강화
- "태양의 해" 제정
- 지속가능 항구를 위한 새로운 전략 마련

[그림 2.11] 탄소 중립 목표(2050) 달성을 향한 대책의 중간 경로(pathway)

2.1.5.3 18개 학교 지붕에 태양 전지판(solar panel) 설치

시범 사업으로서 18개의 학교를 대상으로 하는 태양 전지판 설치 시범 사업이 기후 중립 로드맵(2050)에 포함되어 있다.

2.1.6 함부르크 기후행동 계획(2030, 2050): 탄소 중립의 상세(details)를 위한 도시 열정

2.1.6.1 교통 관리의 전기화(traffic elelectrification)와 디지털화

교통 관리를 위해 채택한 패키지 프로그램은 다음과 같은 대책들을 포함하고 있다.

▶ 100% 녹색 전기 구입
▶ 디지털 정보와 판매 시스템의 확장
▶ 버스와 기차의 수용력 향상
▶ 소규모 이동성 서비스와 버스 교통과의 연계
▶ 버스 정류장 프로그램(보다 촘촘한 네트워크)
▶ 버스 시스템의 개선 프로그램(신호등 우선 순위 포함)
▶ 고속 철도 네트워크의 확장

2.1.6.2 분야간 결합(sector coupling)

재생 에너지로부터 얻게되는 전기의 이용을 증가시키고 CO_2 배출량을 줄이기 위하여 에너지 소비의 융통성있는 적응을 지원한다. 주요 대책으로는 다음과 같은 항목들이 포함된다.

▶ 보다 빠른 탈 탄소화 방법을 입증하기 위한 에너지 시스템의 완전한 전환에 관한 연구와 실험. 예를 들어 녹색 지붕과 벽면 녹화는 절연 효과(낮은 에너지 수요)를 통하여 기후 보호를 돕고, 도시 기후와 배수의 관점에서 기후 적응을 돕는다. 태양광 발전 시스템과 태양열 에너지는 기후변화 저감에 기여할 수 있음
▶ 3,500m 깊이의 지열 이용
▶ 기후 보호와 기후 적응 대책은 동반 상승 효과와 상충의 관점에서 평가되어야 함
▶ 이동성, 건축물과 에너지와 같은 행동 분야는 "분야간 결합"의 관점에서 통합적으로 다루어져야 함

2.1.6.3 환경 친화적인 도시 개발(environmentally-compatible urban development)

환경 친화적 도시 개발의 주요 과제는 기후 저감과 기후 적응의 요건을 조화시키는 것이

다. 기후변화 저감과 기후 적응이 계획과 시공의 초기 단계에서 고려되는 경우, 분쟁 대신에 동반 상승 효과를 가져올 것이다. 도시 계획을 통한 효과적인 기후 보호 대책으로 다음과 같은 것들을 포함시키고 있다.

- 보다 짧은 여행 거리
- 기후 보호 관점에서의 압축 설계와 공공 공지(open space)와 잘 연결된 도시 센터
- 도시 속의 도시 전략: 도심 지역의 우선 개발을 통한 지속 가능 주택 성장
- 기이 개발된 지역의 성장 제한을 통한 경제, 사회와 환경 요구의 공평한 충족: 기존 주거 지역의 잠재 토지 이용 고려 , 기존 토지 이용의 효율화와 최적화
- 근리주구에 새로운 공지, 공원, 녹지의 제공과 기존 공지의 개선: 녹색 부가 가치(green added value)의 창출
- 저영향 개발(LID)을 통한 보험금 지급 비용(costs for claim settlements)의 축소

2.1.6.4 모니터링과 평가

함부르그시는 좋은 의도만으로는 충분하지 않다고 믿는다. 정확한 평가가 실제로 무엇이 일어나고 있는가를 말해줄 수 있기 때문이다. 함부르그시는 다음과 같은 문답 형식의 10개의 평가 기준을 설정했다.

- 자금과 실제로 지원된 결과의 관련성은 어떠한가?
- 계획과 시행간의 차이가 있는가?
- 해당 사업들은 내용과 방법에 있어서 높은 질적 수준을 충족하고 있는가?
- 기후행동계획의 대책들은 의도하지 않은 부작용을 야기시키는가?
- 시행 과정에 주요 이해당사자들이 참여하고 있는가?
- 주요 목표 그룹과 함께 이루어 낸 프로그램은 어떠한 효과를 가지고 있는가?
- 이와 같은 프로그램들은 지역 경제의 부양에 어떠한 기여를 하고 있는가?
- 기후행동계획은 어떠한 방법으로 다른 온실가스의 배출량에 영향을 미치고 있는가?
- 현재의 절차가 효과적이고 효율적인 기후행동계획의 이행에 적절한 것인가?
- 조직의 구조는 적절한가?

2.2 사례 도시의 비교 분석

몇 개의 선정된 도시를 대상으로 기후 목표치, 기후행동과 이니셔티브를 종합적으로 비교하여 분석해보면 표 1과 같다.

[표 2.1] 선정된 탄소 중립 도시 계획(2050)의 비교분석

도시	기후 목표	기후행동	이니셔티브
워싱턴 디씨	◦ 2006 - 기준 년도 ◦ 2032 - 50% 감축 ◦ 2050 - 89% 감축 ◦ 수목 차폐율 - 40% (2032)	◦ 태양 에너지 공급 - 재생에너지 이용 증대 - 저 소득층 에너지 청구서 경감 - 녹색 일자리 훈련 확대 ◦ 에너지 사용 감축 ◦ 근린주구의 활력과 보행환경 개선 ◦ 에너지와 물 성능 벤치마킹 자료 발간 ◦ 정부, 지방 비지니스, 주민들에 의한 행동	◦ 지속가능 디씨 계획 ◦ 디씨 탄소 중립성 전략 ◦ 기후행동 계획
멜번 시	◦ 2002 - 기준 년도 ◦ 2020 BAU 목표 년도(2020) - 100% 감축(zero net)	◦ 온실가스 배출량 흡수를 위한 탄소 상쇄 사업: 국가 탄소 배출량 거래제도에 참여 - 고유 삼림으로의 갱신에 투자 - 탄소 상쇄 포함 - 고유 삼림의 산불 관리에 투자	◦ 국가 탄소 상쇄 표준 ◦ 배출량 감축 계획 ◦ 지속 가능 비지니스 지침
베를린 시	◦ 1990 - 기준 년도 ◦ 2020 - 40% ◦ 2030 - 60% ◦ 2050년 이후: 금세기 중반까지 95% 감축	◦ 녹색 에너지 공급 - 2030년까지 석탄발전소 단계적 폐쇄 - 100% 재생에너지 공급 ◦ 기후 보호와 청정 에너지에 관한 학교 교육 강화 및 사업 전개	◦ 베를린 에너지 방향 전환법(2016) - 베를린 기후 목표치를 법제화 함 ◦ 베를린 에너지와 기후 프로그램(2030) - 2018년에 승인됨 ◦ BECK 2030: 기후 보호 협정

제 3 장 탄소 중립 도시 계획

탄소 중립 도시의 목표는 (1) 기후친화적인 시민 행동, (2) 기술을 이용한 에너지 이용의 절감을 통한 온실가스 배출량의 감축, (3) 신재생에너지로 화석 연료 대체, (4) 그리고 나무와 숲, 습지(갯벌 포함), 토양, 바다와 같은 자연 탄소 흡수원에 의해서 달성될 수 있다. 탄소 흡수원은 배출하는 탄소량보다 더 많은 탄소를 흡수하는 시스템을 말하므로 도시 전체의 온실가스 계정 시스템과 탄소 격리 시스템을 통합하는 플랫폼 모형을 개발할 필요가 있다.

3.1 탄소 중립 도시 계획의 순환 모형

그림 3.1의 순환과정에서 탄소의 흡수와 저장의 통합은 탄소 중립 목표의 달성에 큰 기여를 하게 되며, 보다 좋은 선순환 과정을 만들어 줄 수 있다. 탄소 중립 도시 개발과 자연 기반 솔루션의 통합 계획은 이 책의 "3.5"에서 서술된다.

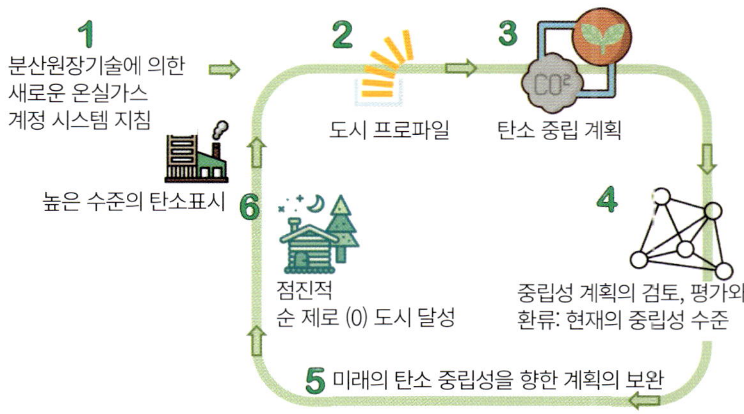

[그림 3.1] 가상 순환 모형 : 온실가스 계정 시스템과 탄소 중립 도시 계획의 통합모형

위 그림의 “2”, “3”, “4”, “5”, “6”의 각 단계는 “3.2”와 “3.3”에서 자세하게 설명된다. 한편 위 그림 3.1의 분산 원장 기술을 활용하는 새로운 온실가스 계정 시스템 (그림 3.1의 "1")은 순환 계획 모형의 각 단계에 통합될 수 있으며 그 기법은 이 책의 “4.6”에서 상세하게 다루어진다.

3.2 탄소 중립 도시 계획

국가 자발적 감축 계획(NDCs)의 탄소 중립 목표(2050)는 도시를 통해서 달성될 수 있다. 도시는 파리 협정의 직접 당사자는 아니지만 비국가 활동 주체로서 탄소 중립 도시 계획을 통해 간접적으로 감축 약속을 할 수 있다. 탄소 중립 도시 계획은 2050년 까지 야심찬 순 제로 배출량 목표를 설정함으로서 환경지속성과 온전성, 그리고 도시에 사는 사람들의 삶의 질과 복지에 엄청난 변화를 가져올 수 있다. 순 제로 배출량은 혁신적 도시 계획과 공간 계획, 스마트 첨단 기술, 전력 공급의 녹색화, 탄소 흡수 기능 강화, 리더십 거버넌스와 시민에 의한 자발적 감축 그리고 새롭게 등장하는 범지구적 메카니즘에 부응하는 탄소 상쇄에 의해서 달성될 수 있다.

제2장에서 살펴본 바와 같이 많은 도시들이 탄소 중립성 전략을 개발해 오고 있지만 아직까지 보편적인 탄소 중립성 분석과 방법론은 개발되어 있지 않다.

이 절은 산업시대(1850-1900 base line) 이전 수준보다 섭씨 1.5도 초과하지 않는 선에서 지구 온도를 유지하는 전지구적 요구에 부응하여 탄소 중립성 분석, 방법론, 계획과정, 절차, 전략, 대책과 사업 활동, 필수적인 문서와 공동편익을 도시가 개발하도록 돕는데에 목적을 두고 있다.

3.2.1 원칙

기후 스마트 현명 도시 정책 및 계획 과정의 모든 단계에서 탄소 중립성 목표를 스마트하게 통합하기 위하여 도시 기후 주의 혹은 기후 스마트 현명 도시 주의에 바탕을 둔 원칙이 필요하다. 기후 스마트 현명 도시를 위한 포괄적인 원칙과 보다 구체적인 탄소 중립 도시 계획을 위한 원칙으로 구분해서 제시해 보면 다음과 같다. 한편, 탄소 중립성 전략에서 지켜야 할 4가지 원칙은 필자가 기고한 칼럼을 참조하기 바란다.

3.2.1.1 포괄적 원칙

원칙 1: 도시지속성 원칙(그림 3.2)

- 도시자원의 지속가능하고 기후친화적 관리
- 혁신적인 도시기후 계획 및 설계
- 범지구적 영향과 누적 영향의 고려

원칙 2: 도시 기후 회복 탄력성 원칙(그림 3.3)

- 기후변화로 인한 자연재해 위험성 감축 및 생태계와 지역사회 회복 탄력성의 증진
- 기후변화에 대한 회복탄력성이 높은 도시개발
- 기후 적응 대책의 설계 표준 및 공학적, 비공학적 절차 개발
- 근린주거에 관한 지식의 보급으로 지역사회 기후회복 탄력성의 증진

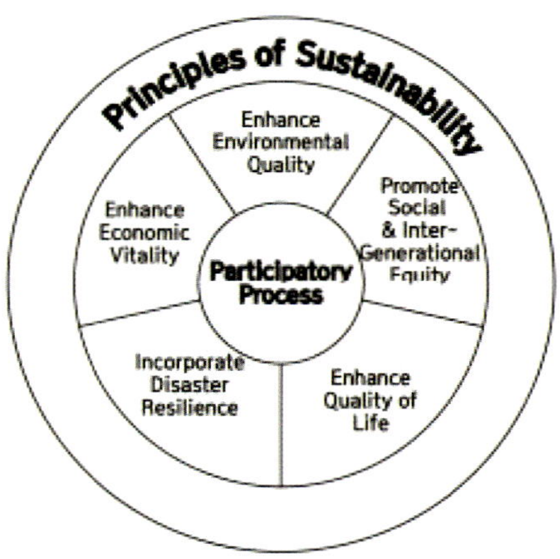

[그림 3.2] 지속가능성 원칙

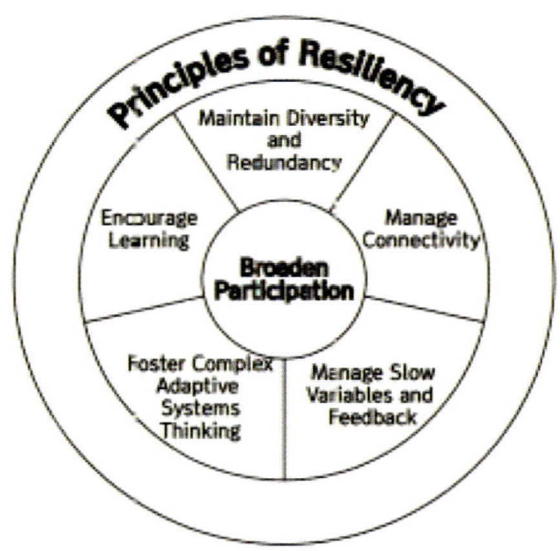

[그림 3.3] 회복 탄력성 원칙

원칙 3: 연결성 원칙(그림 3.4와 그림 3.5)

- 다학제간 모든 중요한 정보 공유
- 연결기술과 연계된 제로 탄소 생활양식 고취
- 지방의 제도적 그리고 사회적 맥락을 새로운 연결기술에 끼워 넣을 수 있도록 기관의 능력 배양

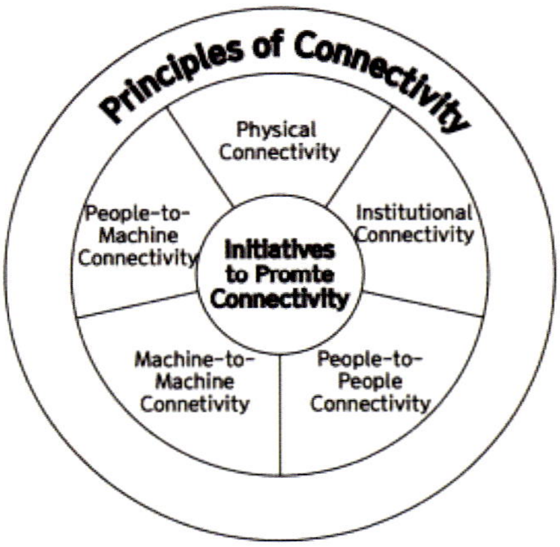

[그림 3.4] 연결성 원칙(이니셔티브)

[그림 3.5] 연결성 원칙 (사람과 사람, 기계와 사람, 사람과 기계의 연결)

원칙 4: 순환성 원칙(그림 3.6)

- 새로운 일자리 창출을 위한 순환경제 모형 개발
- 폐기물 활용을 증가시키는 목표 설정
- 자연자원의 효율성과 복원적 이용을 도모하는 공공부문과 민간부문의 협력 촉진
- 물질 효과성 개선 및 재생에너지와 순환경제로의 전환 지원
- 디지털로 연결된 순환경제(digitally powered circular economy)와 공유 경제(sharing economy)

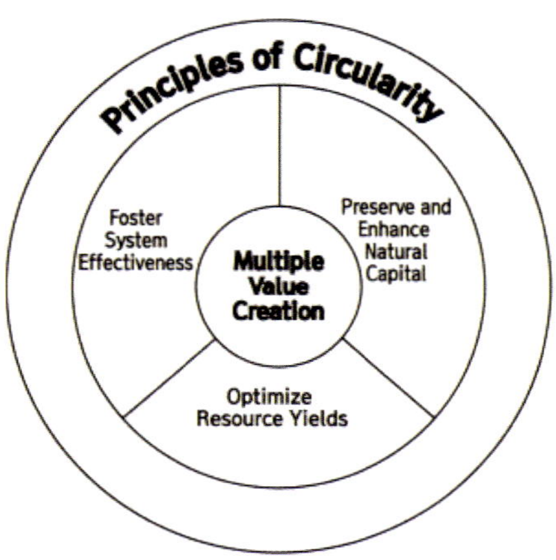

[그림 3.6] 순환성 원칙

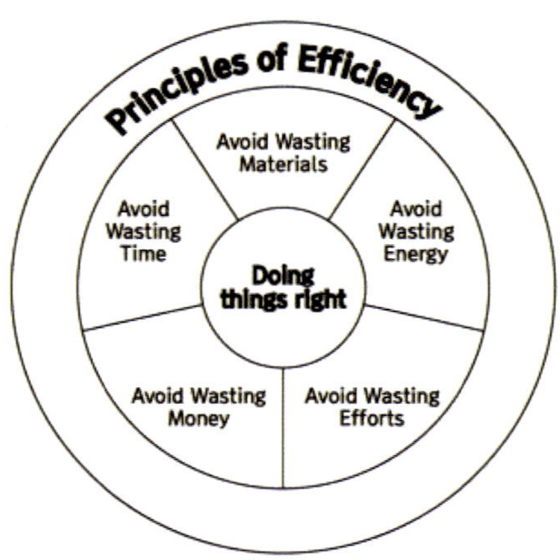

[그림 3.7] 효율성 원칙

원칙 5: 효율성 원칙(그림 3.7)

- 기후맥락에서의 에너지 효율적인 도시, 교통과 기반시설 계획

- 환경 및 탄소 발자국에 순효과(net effect)를 가져다주는 다학제간 접근의 시도

3.2.1.2 탄소 중립 도시 계획 원칙

▶ 점진적 목표 원칙: 추가성 이슈

▶ 사회-공간-자연-디지털 통합 플랫폼 원칙: 분야의 융·복합 이슈

▶ 토지소유 안보 원칙: 탄소 흡수원의 소유권 이전

▶ 탄소 상쇄 원칙: 자연기반형 환경 온전성 이슈

▶ 디지털 변화 원칙: 투명성 이슈

▶ 금융 메카니즘 원칙: 자본에의 접근 이슈

[기고]
탄소 중립성 전략에서 지켜야 할 4가지 원칙

2021년 8월 11일 라펜트 칼럼

김귀곤
서울대 명예교수

최근 유럽을 비롯한 세계 여러 곳에서 발생한 산불은 많은 양의 탄소를 방출하고 있다. 기후변화로 인한 극단 기상은 산불로 연결되고 여기에서 방출되는 탄소는 기후변화를 가중시키는 악순환이 계속되고 있다. 때마침 IPCC 즉 기후변화에 관한 정부간 협의체는 최근 발간된 보고서를 통해 1.5도 C 마지노선이 2040년 이전에 무너질 수 있다는 경고를 했다. 이 보고서는 기후 위기의 심각성과 즉각적 위험에 대한 과학적 근거를 제공한다.

2050년까지 탄소 중립성의 달성을 국제사회에 약속한 정부는 탄소 중립 위원회를 구성하고 금년 10월 발표를 목표로 전략을 마련하고 있는 것으로 전해지고 있다. 탄소 중립 위원회에서는 3가지 에너지 공급의 탈 탄소화 대안(탈 석탄 발전소, LNG 배제, 모든 화석 연료 배제)을 마련하고 다양한 방법으로 의견을 수렴한 후 금년 10월까지 국가 전략을 확정하는 것으로 알려졌다.

우리나라 탄소 중립성 전략의 수립 과정에서 지켜야 할 4가지 원칙을 제안해 보고자 한다.

첫째, 자연 기반형 기후 솔루션 원칙을 따르자. 안토니오 구테레스 유엔 사무총장은 파리 기후 협정이 채택된 후 5년이 되는 작년 말에 탄소 중립성을 향한 유망한 움직임이 있다고 말하면서 “자연은 우리의 가장 좋은 협력자이다.”라고 강조했다. 그는, 또한, 자연 기반 형 솔루션은 파리 기후 협약의 목표를 충족하는 데 필요한 온실가스 배출량 순 감축의 1/3을 제공할 수 있다고 했다.

세계 자원 연구소에 의하면, 산림, 농경 지역, 초지, 도시 수목, 습지와 토양은 배출하는 온실가스 양 보다 대기로부터 더 많은 탄소를 제거하는 유일한 분야를 이루고 있다. 미국의 경우, 거의 8억 톤의 CO_2 배출량을 매년 줄여 준다. 이 수치는 미국 전체 배출량의 약 12%에 해당된다. 자연지역과 농경지역의 보전과 복원 대책이 국가 토지 이용과 공간 계획 차원에서 다루어 져야 한다.

둘째, 탄소 중립성 통합 플랫폼의 원칙이 필요하다. 전체 시스템의 시각에서 공간 개발, 새로운 디지털 기술, 데이터 저장과 의사소통을 기후 전략과 통합하는 비즈니스 모형의 대안을 모색해야 한다. 여기에는 수립된 전략의 이행 경로를 파악하고 계량화하여 평가할 도구와 방법이 포함되어야 한다. 이를 위해 4차 산업혁명 위원회, 기후 환경 위원회, 녹색성장 위원회, 지속 가능 발전 위원회 등과 협업으로 탄소 중립성 전략의 수립을 진행시켜야 한다. 그린 뉴딜 사업과 코로나 이후의 복원 사업과도 연계되어야 한다. 쿠테레스 사무총장은 코로나 대유행의 복원과 기후 행동은 동전의 양면이 되어야 한다고 말한다. 탄소 중립 도시 계획(2050)의 수립과 이행 로드맵도 혁신 허브 어젠다로서 통합 플랫폼에 포함되어야 한다.

셋째, 기후 정의 원칙을 지키자. 탄소 중립성 전략과 정책에 의해 누가 얻고 누가 잃는가의 분배 효과에 따라 성과가 달라질 수 있기 때문이다. 넓은 의미에서 에너지 전환은 탈 탄소 사회 전환이 되어야 한다. 기후 정의를 탄소 중립 전략의 지도 원칙(guiding principle)으로 채택해야 한다.

넷째, 최적화 원칙을 설정하자. 탄소 중립성 목표치(targets)는 (1) 실현 가능한 목표치, (2) 사회적으로 바람직한 목표치 와 (3) 규범적이고 필수적인 목표치로 구분된다. 필수적인 목표치는 2도 C 혹은 야심적으로 1.5도 C까지로 지구 온난화를 제한하는 파리 기후 협정에 대한 약속을 이행하기 위한 분명한 목표치의 설정을 말한다. 온실가스 배출 경로를 개발하기 위한 수단으로 백캐스팅 기법이 이용된다. 우리나라의 탄소 계정 체계 혹은 탄소 대차 대조표를 토대로 목표치를 최적화해야 할 것이다.

탄소 중립성 전략은 국토 및 도시의 토지 이용과 공간 전략, 혁신 저감 기술의 활용, 시민 참여에 의한 수요 관리, 자연과의 협력, 에너지 공급의 녹색화 혹은 탈 탄소화, 탄소 상쇄 전략을 포함해야 한다. 면밀한 탄소 중립성 전략의 가치 사슬 분석을 통해 국제 사회에 대한 약속의 이행과 실리를 살려 내실 있는 우리의 전략과 정찬 그리고 구체적인 계획을 마련해야겠다.

3.2.2 방법론

지금까지 도시가 이용해 온 탄소 중립성 분석은 5개의 방법론으로 정리될 수 있다. 이 방법론들은 강한 지속성으로부터 약한 지속성의 넓은 스펙트럼에 걸쳐서 서로 다른 수준의 순 제로 약속을 보여 주고 있다.

1) 방법 1: 온실가스 배출 전망치(BAU) 시나리오에 의한 2050년 예측 배출량을 모두 제거하여 순 제로 도시 배출량을 달성하는 방법(100% 제거)

아래 계산식은 2050년도의 BAU 전체 배출량을 8,014,60톤으로 가정할 때 주거와 상업 분야에서 1,153,387톤, 여객 운송 분야에서 96,580톤, 에너지 공급의 탈 탄소화를 통해 1,445,200톤을 줄이고 산업 및 제조 분야에서 94,600톤을 줄이고도 남는 5,214,833톤은 탄소 상쇄를 통해 제거하는 순 제로(0) 배출량 등식을 보여 주고 있다.

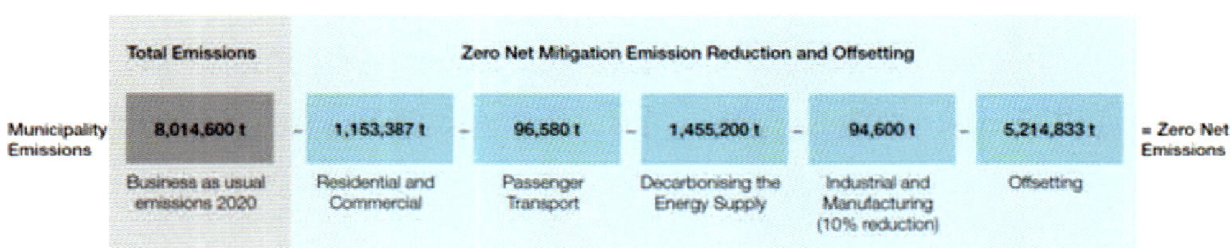

2) 방법 2: 기준 년도(예시: 1990, 2005, 2006, 2010, 2017)에 상응하는 수준으로 2030, 2050년까지 예측되는 배출량을 줄이는 방법

아래 계산식은 2050년도의 BAU 전체 배출량에서 기준 년도(1990)의 배출량을 빼낸 나머지 배출량을 각 분야별로 감축하고 탄소 상쇄로 제거하여 2050년에 1990년도의 총 배출량 수준을 유지하는 등식을 나타내고 있다.

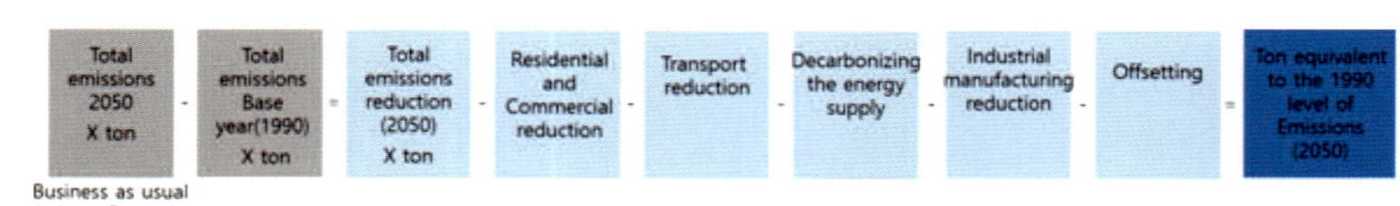

3) 방법 3: 기준 년도 배출량 아래로 줄이는 방안

예를 들어, 뉴욕시의 경우 2030년까지 2005년 배출량 수준의 30%까지 탄소 배출량을 줄이는 목표를 세웠으며, 워싱턴 디시는 2050년까지 2006년 배출량의 89% 이상까지 년간 배출량을 줄이는 계획을 가지고 있다. (그림 3.8 참조)

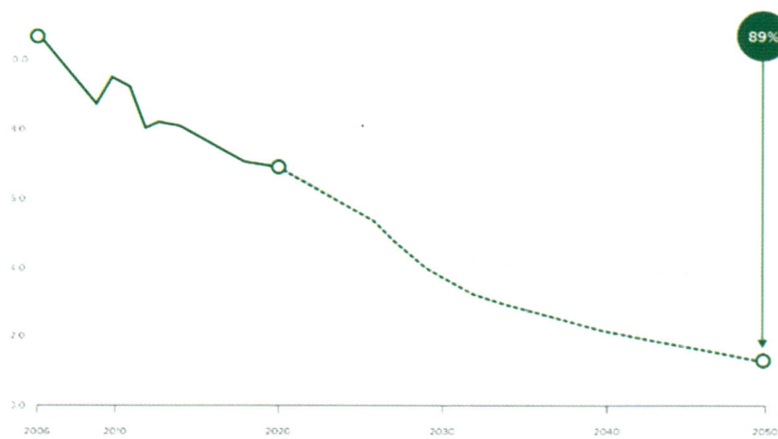

[그림 3.8] 워싱턴 디시 온실가스 배출량- 탄소 중립성을 향한 기후행동의 점진적 경로

4) 방법 4: 국가가 설정한 목표 년도의 1인당 배출량 목표치 아래로 목표 년도의 1인당 도시의 탄소 배출량을 달성하는 방안

이 방법은 시민의 수요에 바탕을 두어 접근할 수 있는 방법이다. 시민이 만족해하는 핵심 요구사항을 대상으로 하는 범주를 고려하여 목표치가 설정될 수 있다.

5) 방법 5: 국가 차원의 NDCs(2050)에서 채택한 기준 년도와 배출 감축량(%)을 도시의 기후변화 저감에 이용하는 방안

국가차원에서 기준년도의 설정에 관한 일률적인 엄격한 규칙이 없는 것과 마찬가지로 탄소 중립 도시의 기준년도 설정에 적용되는 통일된 기준년도도 아직 정해져 있지않다. 따라서 국가차원의 기준년도를 채택하고, 배출감축량을 국가목표치보다 상향으로 설정하는 방법이 채택될 수 있다.

3.2.3 계획 과정

다음 단계들은 논리적 과정을 보여주고 있지만 계획 활동을 위안 경직된 순서는 아니며 도시의 상황에 따라 적절한 접근법을 찾아야 할 필요가 있다. 그림 3.1의 모든 단계를 위한 순환 과정을 밟는 것도 바람직하다.

1단계: 도시 프로파일(city profile)

기후 중립성을 지원하는 활동에 대한 근거 기준(evidence baseline)을 제공하기 위하여 다음과 같은 사항들에 대한 도시 프로파일이 필요하다.

1) 공간적 특징, 기후, 에너지, 자연 등에 관한 현황
2) 에너지 균형
3) 기후 발자국
4) 온실가스 대차대조표(GHG balance sheet): 분산원장 기술에 의한 온실가스 계정 시스템
5) 취약성과 기회성

[그림 3.9] 태양광 잠재위치: 캘리포니아 샌디애고

이와 같은 프로파일을 지리정보체계(GIS)에 올려 기후 저감과 적응 대책 계획과 에너지 효율성 활동에 우선순위가 높은 지역을 파악하고 재생에너지의 잠재성이 높은 지역을 파악하는 데 활용할 수 있다.

그림 3.9는 태양광 전지판 설치의 잠재성이 높은 지역의 위치를 보여주고 있다. 한편, 그림 3.10은 화석연료이용의 감축에 의한 대기질의 개선 효과를 지리정보체계에 올린 뉴욕시의 사례이다. 뉴욕시의 자전거 네트워크의 확장에 의한 부상자수 감소의 지리적 분포는 그림 3.11에 나타나 있다.

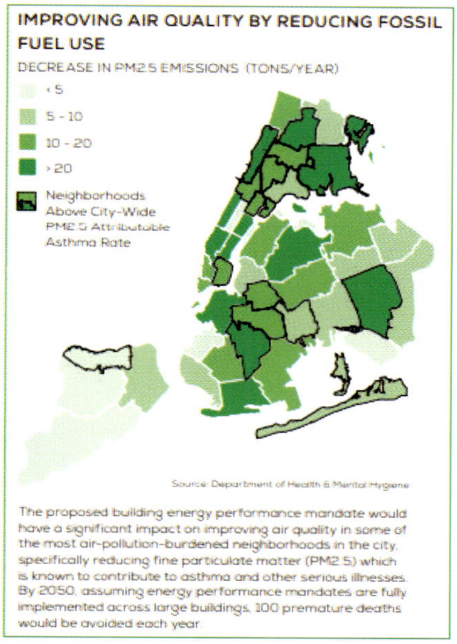

[그림 3.10] 화석 연료 이용의 감축에 의한 대기 질의 개선 : GIS 지도의 이용

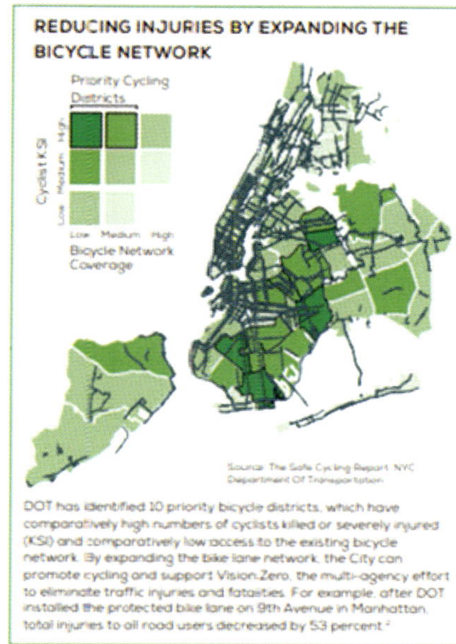

[그림 3.11] 자전거 네트워크의 확장에 의한 부상자 수 감소 GIS 지도의 이용

Box 3.1은 미국 뉴욕시의 온실가스 배출량 현황조사를 서술하고 있다. 이 현황조사의 특징은 뉴욕시의 계획과정과 일치하도록 기준년도(2005)를 선택했다는 점이다.

Box 3.1

미국 뉴욕시 온실가스 배출량 현황 조사

이 자료는 1995년, 2000년과 2005년의 자료에 기반한 2007년의 CO_2 배출량을 포함하고 있다. 뉴욕시의 계획 문서인 "PlaNYC"의 보다 넓은 준거 틀과 연계시키기 위하여 2005년도를 기준 년도로 선정했다. 뉴욕시의 광역 계획 과정에 우선 순위가 주어졌지만, 추세분석과 과거 년도와의 비교 작업도 수행되었다.

이 두 가지 목적을 수용하기 위하여 1995년도와 2000년도의 현황 조사에 대한 배경분석(background analysis)도 수행되었다. 뉴욕시는 1995년, 2000년, 2005년의 CO_2 배출량 보고서를 발간했으며 이 수치를 근거로 온실가스 배출 전망치(BAU) 상태하에 2030년 추세를 전망했다.

자료 출처: New York City, Mayor's Office of Long-Term Planning and Sustainability, Inventory of New York City Greenhouse Gas, 2007

온실가스 현황조사는 온실가스의 배출량과 제거량의 측정과 계정을 의미한다. 현황조사는 필수적으로 기후변화 대차대조표로 작성되는데 다음과 같은 요소들을 포함한다.

- 화석 연료 소비로부터 나오는 온실가스량의 추적
- 농업 생산으로부터 나오는 배출량
- 식물과 토양의 탄소 격리에 의한 온실가스 제거량
- 기술 수단에 의한 제거량

좋은 현황조사는 자료 출처와 방법론이 투명해야 하며 온실가스 계산과 추정에 기저가 되는 가정이 분명해야 된다. 특히, Box 3.1의 뉴욕 시의 사례와 같이 일정 기간에 걸쳐서 온실가스 배출량과 제거량의 변화를 모니터하기 위하여 매년 온실가스 현황조사가 실시되어야 한다고 세계자원연구소는 권고한다(World Resources Institute, 2021).

Natural and working Lands Remove 12% of Gross US GHG emissions(2019)
자연지역과 작업 용지는 미국 온실가스 배출 총량(2019)의 12%를 제거함

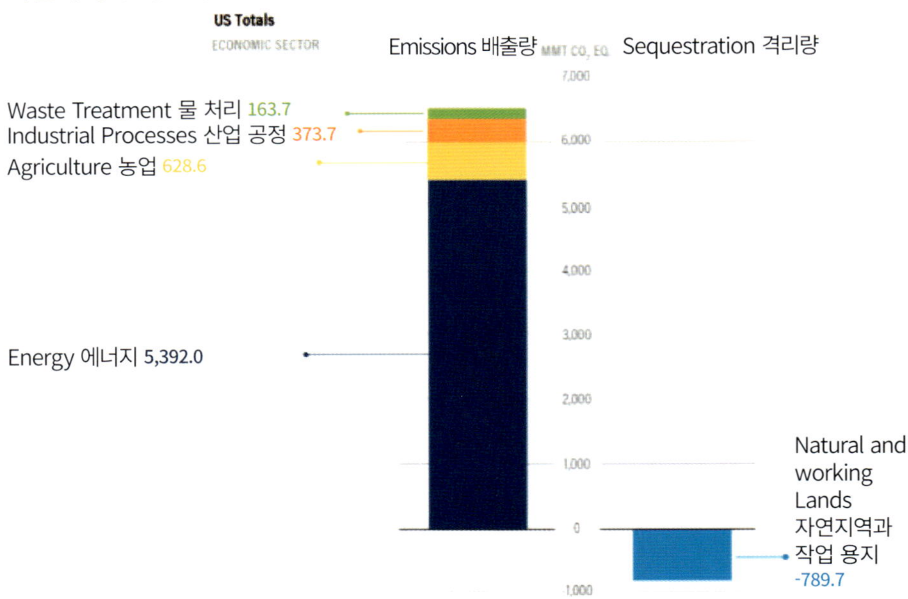

[그림 3.12] 미국 자연지역과 작업용지(NWL)의 온실가스 제거량(푸른 색 부분)
자료 출처 : 미국 환경 보호청, 2021
세계 자원 연구소

온실가스 현황조사를 통한 온실가스 배출량과 제거량의 측정은 탄소 발자국 관리를 위한 필수적인 첫 단계이다. 그러나 자연지역과 작업 용지(natural and working lands: NWL)에서는 이 과정이 쉽지 않다. NWL은 산림, 농경지역(croplands), 초지, 도시 수목과 토양을 포함한다. 이들 지역은, 미국의 경우, 배출하는 온실가스 배출량 보다 대기로부터 더 많은 탄소를 제거하는 유일한 분야를 이루고 있다. 거의 8억 톤의 CO_2 배출량을 매년 줄여 준다. 이 수치는 미국 전체 배출량의 약 12%에 해당된다(그림 3.12).

야심적인 탄소 중립 도시 목표의 달성을 위해 NWL의 보전, 복원 및 토지 관리를 위한 투자가 필요하다. 공개적으로 보고되는 에너지 이용 자료를 통해서 쉽게 추적되는 화석연료 연소로부터 나오는 온실가스 배출량과는 달리 NWL로부터의 배출량과 제거량은 측정하기가 쉽지 않다. 생태적 탄소 순환과 함께, 농업 경작 및 산림 작업은 많은 면적에서 계속적으로 탄소를 배출하고 제거하기 때문이다. 따라서, NWL을 위한 온실가스 모델링과 배출 계수가 얼마나 현실 세계의 배출량과 제거량을 정확하게 반영하는가에 대한 불확실성이 존재한다. 특히, 국가나 도차원에서 쓰고 있는 온실가스 현황조사 도구, 방법과 자료의 대부분은 도시의 토지 기반 배출량과 제거량 현황조사에는 적절치 못한 경우가 많다.

자연토지와 작업용지를 위한 온실가스 현황조사를 개선하기 위하여 세계자원조사연구소(WRI)는 NWL 현황조사 개선 지침(Guide to Inventory Improvements)을 발간했다. 이 연구소는 주 차원의 산림과 토지 이용, 토양과 습지를 위한 현황조사를 연방정부가 도울 수 있는 3가지 방법을 다음 그림 3.13과 같이 제시하고 있다.

[그림 3.13] 미국 자연 토지와 작업 용지 (NWL)의 온실가스 현황조사 개선 3가지 방법

자료 출처: WRI, Why Greenhouse Gas Inventories Are Important for Natural and Working Lands - and How to Fix Them, July 21, 2021

탄소 중립 도시를 위한 NWL 지역의 구체적인 배출계수(emission factors)를 포함한 데이터와 현황조사에 관한 깊이 있는 연구 개발이 시급한 실정이다. 도시 NWL 지역이 기후 대응의 중요한 대응이 되고 있다. 탄소 중립 도시의 미래를 위해 데이터의 질을 향상시키고 모니터링의 일관성을 유지할 필요가 있다.

2단계: 통합 기후행동

탄소 목표치 설정: 2050년 탄소 중립성 달성을 위한 최적 시나리오

목표치 설정을 위한 다음과 같은 대안들을 고려할 수 있다.

1) 실현 가능한 목표치(achievable target)

변화하는 기후의 영향과 배출량 감축 잠재성을 평가하기 위하여 "1단계"에서 서술한 도시 프로파일을 이용, SWOT로 알려져 있는 해당 도시의 강점, 약점, 기회성과 위협성을 분석할 필요가 있다. 달성 가능한 배출 감축 총량을 결정하기 위하여 배출 감축 모델링(emission reduction modeling)과 주요 범주별로 벤치마킹이 수행될 수 있다(Box 3.2).

Box 3.2

도시 기후 목표치

사례 1: 베를린

기준 년도: 1990

2020: 40%

2030: 60%

2050: 85%

사례 2: 워싱턴 디씨

기준 년도: 2006

2032: 50%

배출원별 배출량(22%~75%):정부, 지방 비지니스 및 주민들과 함께 에너지 이용을 줄이고 재생에너지의 이용을 통해서 2032년까지 50%까지

배출량 감축:
◦ 교통: 22%
◦ 폐기물: 3%
◦ 건축물: 75%
◦ 나무 차폐율: 40% (년간 식재 수목: 14,137 그루)
◦ 2050: 기준 년도인 2006년 (BAU) 에 비교하여 89%를 감축, 기후 중립 목표 달성

사례 3: 암스텔담
기준 년도 (baseline): 1990
2050: 90%

2) 바람직한 목표치(desirable target)
목표치에 관한 상충을 파악하여 가능한 한 최소화할 필요가 있으며 사회적 합의에 바탕을 둔 목표치의 설정이 필요하다. 수요 지향적 접근 방법을 이용할 수 있다.

3) 필수적인 목표치(necessary target)
2도 C 혹은 야심적으로 1.5도 C 까지로 지구 온난화를 제한하는 파리 기후 협정에 대한 약속을 이행하기 위한 분명한 목표치의 설정을 말한다. 온실가스 배출 경로를 개발하기 위한 수단으로 "백캐스팅(backcasting)"이 이용된다. 이 목표치는 현실적인 바람직한 목표치와 함께 검토되어야 한다.

전략
2050년까지 탄소 중립이 되도록 탄소 목표치를 달성하기 위한 도시 전략이 마련되어야 한다. 목표치 달성을 위한 전략은 통합 기후행동을 개발하기 위한 가장 좋은 출발점의 하나이다. 전략 개발을 위한 포괄적 고려 사항은 다음과 같다.

1) 정책 통합 전략: 분야의 결합(sector cohesion)
2) 방법론적 전략: 약한 지속성 / 강한 지속성

3) 연결성 전략: 총괄 시스템 접근방법 / 분야별 접근방법
4) 기술 전략: 전지구적 기후 비상 사태와 COVID-19 대유행에 대처하기 위한 도시 디지털화 전략
5) 추가성 평가 전략: 탄소 중립성 목표의 달성을 통해 얻어지는 배출 감축량을 도시 탄소 금융으로 유도

독일의 베를린, 미국의 로스앤젤레스 카운티와 영국의 글라스고가 채택한 탄소 중립 도시 전략은 Box 3.3에 요약되어 있다.

Box 3.3
도시의 탄소 중립성 전략

사례 1: 독일 베를린
독일의 수도를 2050년까지 기후 중립과 기후 적응 도시로 조성하기 위한 베를린의 "신 에너지와 기후 보호 전략"은 통합적이고 지속 가능한 도시 개발의 좋은 사례임

- ◦ 단계적인 석탄 배제와 현격한 기름 소비 감축
- ◦ 태양광 발전의 확대
- ◦ 2030년까지 매년 평균 2%씩 에너지 관련 개조율 증대
- ◦ 새로운 건축물의 표준 향상
- ◦ 기후 보호 협정 마련과 탄소 중립성을 고려한 공공의 조달
- ◦ 교통 시스템의 전환(교통 수단 선택)
- ◦ 정보, 시범 사업과 역할 모델을 통한 기후 친화적 소비 진작
- ◦ 네트워크와 기후 교육 강화
- ◦ 포괄적 측면
  - 제도적 구조
  - 자금 지원
  - 공통 이슈
  - 모니터링
  - 시민 참여 등

사례 2: 미국 로스앤젤레스 카운티

순 제로 온실가스 배출량을 달성하기 위하여 150개 이상의 전략을 수립했음

- ◦ 식품 체계 이니셔티브
- ◦ 대중 교통 지향형 도시 개발
- ◦ 용도 지역 지구 정책
- ◦ 이해당사자들의 참여 등

사례 3: 영국 글라스고

글라스고 시 의회는 2030년까지 탄소 중립 도시를 목표로 61개의 권장 사항을 선언했음

- ◦ 신 교통 전략
- ◦ 전기차 전략
- ◦ 플라스틱 감축 전략
- ◦ 순환 경제 로드맵
- ◦ 식품 전략 등

대책

앞에서 서술한 전략의 달성에 필수적인 주요 범주별 대책의 목록은 다음과 같다. 주요 대책은 “제 4 장”에서 구체적으로 서술된다.

1) 토지 이용 계획
2) 공간 계획
3) 도시 에너지
4) 교통
5) 건축물
6) 녹지 공간과 자연 인프라
7) 물
8) 산업

9) 폐기물

10) 도시 농업

11) 혁신적인 디지털 기술과 거버넌스

12) 표준과 직업 규약(standard and code of practices)

사업

탄소 중립 도시계획에는 전략과 대책에 따라 제안된 활동별로 계량화가 가능한 사업의 산출(outputs)과 궁극적으로 요망되는 결과(outcomes)가 포함되어야 한다. 이 자료를 통해 예산이 허용될 경우 제안된 사업이 무엇을 달성할 것인가를 도시 당국과 이해당사자들이 평가할 수 있다.

1) 사업 활동

위에서 언급한 산출과 결과를 달성하기 위한 구체적인 유형의 사업을 수행할 수 있다. 예를 들어 "대책"의 하나로 "(6) 녹지 공간과 자연 인프라" 구축을 위한 수목 식재 활동을 들 수 있다. 이 활동은 계량화가 가능한 산출을 낼 수 있을 것이다.
구체적인 사업 활동의 사례는 "부록 1"을 참고하기 바란다.

2) 산출

산출은 하나의 활동의 결과로서 달성할 수 있는 단기적인 결과를 말한다. 예를 들어 사업 기간이 종료되었을 때 수목 식재를 통해서 다음과 같은 계량화가 가능한 산출을 가져올 것이다.

- 2030 목표: 나무 수관 커버율(예시: 40%)
- 년간 식재 수목의 숫자(예시: 14,137 그루의 수목)

구체적인 산출의 사례는 "부록 1"을 참고하기 바란다.

3) 결과

사업의 결과는 사업이 완료된 후에 일어나거나 계속되는 중, 장기 결과를 말한다. 예를 들면 일련의 수목 식재 활동이 끝난 후에 이 사업을 통해 14,137그루의 수목이 이 사업의 산출로서 나왔다면 이 사업의 중, 장기 결과는 다음과 같은 항목들을 도함할 수 있다.

- 탄소 격리
- 도시의 미화
- 주민들의 환경 인식 증가
- 생물다양성 향상
- 대기 질의 향상

구체적인 결과(outcomes)의 사례는 "부록 1"을 참고하기 바란다.

3단계: 탄소 중립성 달성의 중간 경로: 조직적 기능(organizational functions)

감축의 중간 경로(pathways)는 분야별로 기존의 혹은 새로운 개발을 함에 있어 에너지 성능과 탄소 격리를 향상시키기 위하여 도시가 취할 수 있는 접근방법을 보여준다.

- ▶ 도시가 소유하고 있는 문서나 국가 통계에 근거하여 탄소 중립성 과정의 지도화와 이 과정에 참여하는 이해당사자들과의 면접을 통한 검증
- ▶ 탄소 중립성 계획의 신뢰성을 약화시킬 수 있는 미래의 시나리오와 가정의 평가
- ▶ 범위(scope) 1(도시 온실가스 배출 경계), 범위 2(국가 온실가스 배출 경계), 범위 3(전 지구적 온실가스 배출 경계)에 대한 대책의 파악
- ▶ 도시의 직접적인 대책과 의무적인 대책
- ▶ 기존의 도시 계획 과정에 도시 에너지 계획의 통합을 통한 지속 가능 에너지 미래의 담보
- ▶ 년간 순 탄소 대차 대조표가 제로 혹은 네거티브가 되도록 에너지 생산기금과 관련된 년간 탄소 보상 메카니즘, 그린 카드와 탄소 계정이 탄소 중립성 계획에 포함되어야 함
- ▶ 탄소의 추적, 계정과 거래의 투명성 확보를 위한 블록 체인/분산 원장 기술의 활용

4단계: 이행 로드맵

위의 단계에 따라 수립된 탄소 중립 계획의 이행을 위한 로드맵의 사례는 다음과 같다. 구체적인 이행 계획은 "제 5 장 분야별 사업 이행 계획"에서 다루어 진다.

▶ 감축량 증가 기간(ramp-up reduction periods)을 분명하게 보여주는 사업 실행을 위한 업무 계획(추진 일정 포함), (그림 3.14)

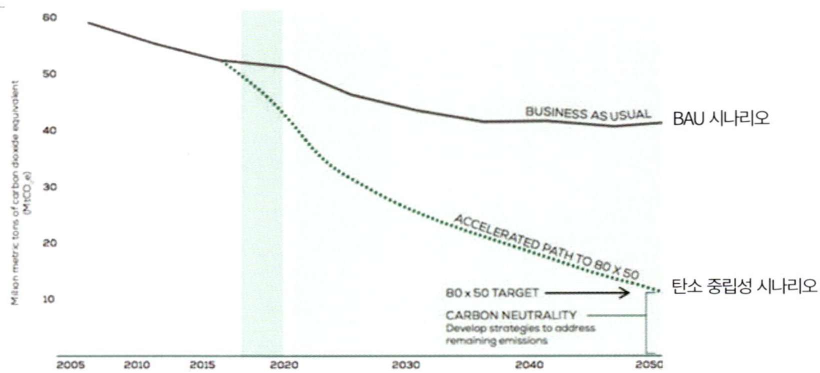

[그림 3.14] 파리 기후 협약에 부응하는 뉴욕시의 1.5도 C 시나리오

▶ 이해당사자들로부터의 피드백을 활용하고 국제적 기후행동계획의 준거틀과 일치하는 정책 이행 로드맵의 수립 도시 탄소 중립정책 로드맵의 수립에 도움이 되는 국제적 기후행동 계획의 준거틀로는 Carbon Neutral Cities' Game Changers, C40's Focused Acceleration Report, Long-Term Low-Carbon Development Strategy 등을 들을 수 있다.

▶ 장, 단기(2030년 이전과 이후) 기후행동과 우선 순위가 높은 행동의 파악

▶ 건축물 에너지 개보수(retrofits)율이나 전기차 도입율과 같은 정책 계획을 위해서 이용될 수 있는 주요 지표의 제공

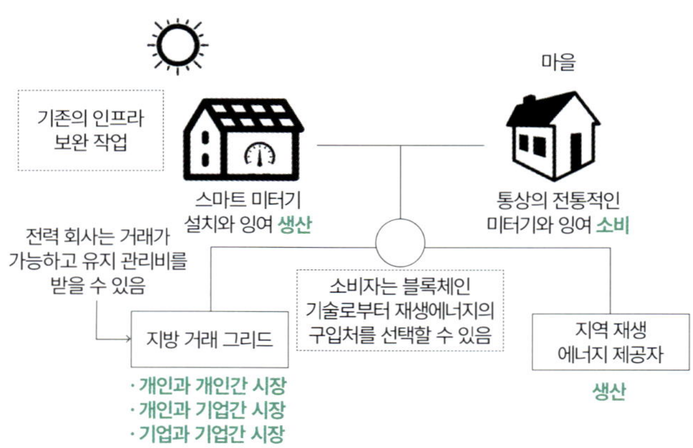

[그림 3.15] 지역 에너지 생산과 근린주구의 상호작용: 마이크로 그리드 시스템을 이용하여 생산된 에너지와 온실가스 배출량을 주민과 주민, 주민과 기업, 기업과 기업사이에 공유 데이터 기술인 블록체인을 이용하여 거래할 수 있음

▶ 탄소 중립 도시로의 전환에 필요한 자금 지원의 권고 및 생산자와 소비자간의 에너지와 온실가스 배출량거래(그림 3.15)

3.2.4 탄소 중립 도시 과정의 필수적인 문서

탄소 중립 도시 계획을 수립하는 도시는 지방의 상황을 고려하여 융통성을 가지고 가장 적절한 문서를 작성해야 한다. 다음과 같은 문서들이 작성되어 탄소 중립 도시 계획 과정으로 통합되는 것이 바람직 할 것이다.

기술적 평가 문서

Box 3.4

Major explanatory variables considered in the model include demographic structure, such as low birth rates, population ageing, growing single-person households; economic structure, such as gross regional domestic product (GRDP), per-sector GRDP, government spending, income, building stock; transportation trends, such as the number of vehicles, driving distance, mileage; climate trends, such as prices per energy sources, the number of cooling and heating degree days, and the number of days with heat waves and average temperatures. Three scenarios were made as shown in the[Table 3-1], to develop Seoul's long-term GHG emissions pathways. The BAU scenario is calculated using multiple regression analysis under the presumption that past trends shall continue. The carbonneutrality 2070 scenario is based on Seoul committing itself to global efforts to limit the global temperature rise to below 2°C above to pre-industrial level. According to the IPCC, the net GHG emissions(value obtained by subtracting the amount absorbed from the total emissions) must be zero by 2070 in order to achieve the 2°C goal. Carbon neutrality 2050 scenario is based on Seoul committing to the highest ambition of the Paris Agreement, limiting global warming to 1.5°C from the pre-industrial level. The IPCC made it clear that GHG emissions must be net-zero by 2050 if we are to contain the temperature rise to 1.5°C. The two carbon neutrality scenarios have the explicit targets and clear timelines, so backcasting was used as a tool to develop GHG emissions pathways. [자료 출처, 서울시 2021]

1) 온실가스 배출 감축의 경로를 모델화하는 수단의 문서화(그림 3.16과 그림 3.17)

2) 탄소 중립성(2050)을 달성하기 위한 최적 시나리오를 서술하는 요약 문서와 시나리오 설정 방법론과 가정의 문서화(Box 3.4)

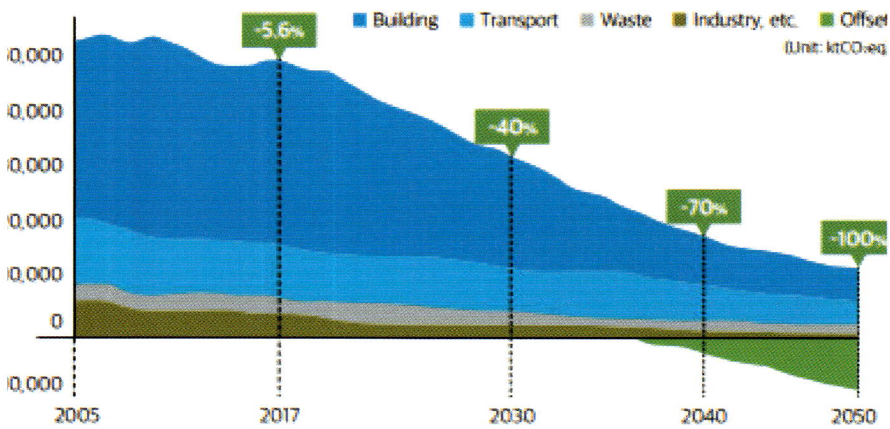

[그림 3.16] 서울시 분야별 온실가스 배출량 경로(탄소상에 포함)

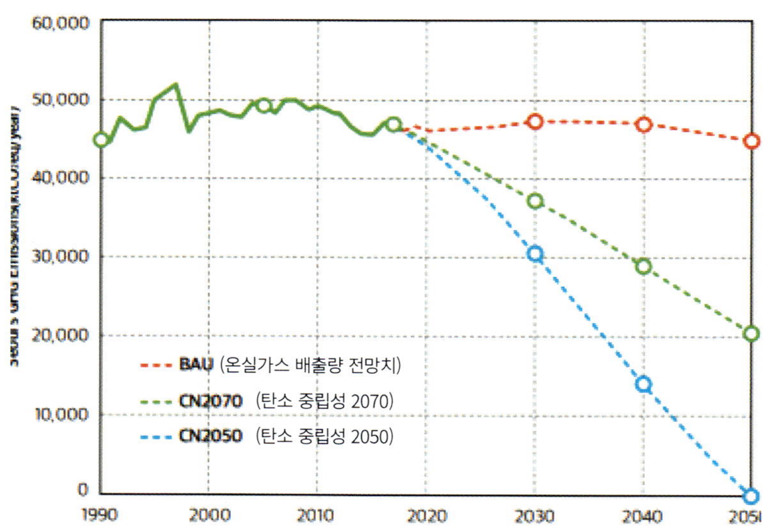

[그림 3.17] 서울시 온실가스 배출량 경로

탄소 중립성의 정의와 측정에 관한 문서

1) 도시 당국이 주요 이해당사자와 논의하여 채택한 탄소 중립성의 정의와 추진 상황을 추적하기 위한 계량적 분석(metrics)의 문서

2) 기후변화 저감과 탄소 중립성 전문가와 협의한 결과 그리고 국내외의 관련 자료를 검토한 결과의 보고서
3) 년도별 실행 경로(yearly implementation pathways) 문서

정책 로드맵

1) 정책 이행 로드맵 견본(template): 가장 우선 순위가 높은 단기 활동 포함
2) 일반 대중이 접근 가능하며 휴대폰 친화적인 참여 활동에 관한 디지털 자료

3.2.5 탄소 중립 도시 계획의 공동 편익(Co-benefits): 연계성 평가(nexus assessment)

도시의 탄소 중립성 비전은 공동편익의 맥락내에서 설정되어야 한다. 단순하게 2050년 탄소 중립성 계획으로부터 얻게 되는 혜택 뿐만 아니라 높은 수준의 도시 지속 가능성, 도시 회복 탄력성 그리고 재난 위해 감소 혜택과 함께 전 지구적 기후변화 저감 혜택을 포괄적으로 제공해야 한다. 아울러서 다음과 같은 혜택도 기대될 수 있다.

- ▶ 지속 가능 발전 목표와 파리 기후변화 협정의 지방화
- ▶ 국가 자발적 감축 계획과 장기적 저 배출 개발 전략의 지방 차원에서의 이행
- ▶ 보다 깨끗하고 건강하며 푸르고 안전한 도시 환경
- ▶ 보다 스마트하고 현명한 도시 관리
- ▶ 비대면 시대에 연결성을 제공하기 위한 보다 빠르고 혁신적인 디지털 기술로의 전환
- ▶ 보다 확실한 공정성과 포용성
- ▶ 녹색 투자를 위한 그린 딜이나 부양 계획하에서 COVID-19 대유행 위기로부터 도시의 경제를 살리기 위한 탄소 금융과 자금 지원
- ▶ 도시 브랜드의 전 지구적 경쟁력과 지역 경쟁력 강화
- ▶ 녹색 일자리, 재화와 서비스 그리고 일자리 훈련의 지방화
- ▶ 탄소 제로 도시와 지역사회에 대한 소속감 혹은 연대 의식의 증가
- ▶ 인공지능에 바탕을 둔 제4차 산업혁명의 참여로 CO_2 배출량의 사회적 비용 감소: 미세먼지 감축과 도시 열섬현상의 완화 등

특히 스웨덴 말뫼의 경우 과거 공업지역이었던 낙후된 지역을 녹색 주거단지로 전환하여 저 에너지 소비 단지를 조성했을 뿐만 아니라 아우구스텐보리(Augustenborg) 생태도시에 물과 녹지 그리고 재생에너지가 어울어지는 그린 인프라를 도시내에 끌어들여 생태관광을 통한 도시 브랜드 가치를 전 세계적으로 높이고 있다(그림 3.18).

[그림 3.18] 스웨덴 말뫼 아우구스텐보리 생태도시의 블루-그린 인프라: 물과 녹지 그리고 재생에너지의 길 걷기

3.3 자연 기반형 탄소 격리 계획

탄소 격리(carbon sequestration)의 개념은 우선순위가 높은 글로벌 정책 어젠다이며 여러 가지 적절한 해결책들이 수행되어 왔다. 이 절은 탄소 중립성 달성을 위한 자연 기반 해법 솔루션의 시나리오 설정 방법론에 관하여 서술한다.

3.3.1 준거틀

5개의 자연 기반 해법 솔루션의 준거틀이 개발되어야 하며 그 내용은 다음과 같이 구성된다.

- 이슈 준거의 틀: 문헌과 사례 고찰을 토대로 자연 기반 해법 솔루션의 방법론을 개발할 때 고려되어야 할 이슈들을 파악해야 한다.
- 통합 플랫폼의 틀: 자연 기반 해법 솔루션의 통합 플랫폼 접근법을 개발할 필요가 있다.
- 절차의 틀: 자연 기반 해법 솔루션 방법론의 단계를 제시해야 한다.
- 실증사업의 틀: 탄소 중립 도시에 대한 자연 기반 해법 솔루션의 실증적 사례를 보여 주어야 한다.
- 앞으로의 연구의 틀: 미래의 연구 방향이 논의되어야 한다

3.3.2 계획 과정

이 방법론에서는 베이스라인 시나리오와 사업 시나리오의 비교를 통해서 자연 기반 해법 솔루션의 탄소 격리(carbon sequestration)의 량을 계산하고, 이 결과를 탄소 중립성 통합 플랫폼에 반영하며, 새로운 탄소 시장 메카니즘으로 활용하는 절차를 설정한다. 주요 단계는 다음과 같다.

1단계: 탄소 중립 목표치를 위한 이슈의 파악

습지, 이탄지, 맹그로브, 산림과 기타 일차 생태계는 많은 량의 탄소를 저장하며 회복력을 향상시켜 준다. 도시의 우선수위에 따라 가장 중요한 탄소 격리의 유형을 결정할 수 있다. 상대적으로 중요한 이슈를 고려하는 하나의 방법은 도시가 추진하는 사업에 의해서 얻게 될 탄소 격리 효과가 어느 정도까지 지속 가능 발전과 탄소 중립성 목표, 특히, 해당 도시

가 우선시하는 이슈에 기여할 것인가를 조사하는 일일 것이다.
따라서, 지방자치단체의 이해당사자들은 관련 지속가능발전 목표와 탄소 중립성 목표치를 도시의 실제 이행 상황과 비교해봄으로서 탄소 격리의 범위를 산정할 수 있다.

2단계: 사업의 서술

도시가 탄소 중립이 되도록 돕기 위한 자연기반형 부양 계획이 마련될 필요가 있다. 이 계획에는 기후변화 저감과 적응을 위한 광범위한 녹화 사업(greening projects)이 포함될 수 있다. 대부분의 탄소 중립 도시는 나무(기후 수종) 심기, 습지 복원 그리고 물-녹지 인프라 사업을 포함한다.
도시의 나무와 숲을 늘리고 탄소 격리의 량을 증대시키기 위하여 탄소 중립 도시를 위한 NBS사업의 하나로 나무 심기 사업을 전개 할 수 있다.

3단계: 지표의 설정

탄소 격리는 대기의 탄소를 식물, 토양과 물속으로 통합시키는 과정을 말한다. 대기의 탄소를 흡수하는 과정은 흔히 "탄소 흡수(carbon sinks)"로 언급되어 진다.

탄소 격리의 계량화는 측정 가능한 지표의 개발을 필요로 한다. 이 지표는 사업, 프로그램과 정책을 수행하지 않을 때의 베이스라인 시나리오와 사업, 프로그램과 정책을 수행했을 경우의 상황을 비교하여 그 변화를 반영할 수 있다. 지표의 예로서 수목의 탄소 격리를 들 수 있는 데, 탄소 격리는 산림 유형별 혹은 나무의 종류별 수령별 CO_2 포집 면적(capture area) 혹은 포집량(흡수 탄소의 량)에 의해서 측정될 수 있다. 또한, 공공 녹지 면적의 량은 주민 1인당 나무의 숫자에 의해서 측정될 수 있다. 예를 들어 CO_2 포집의 %증가(0.29퍼센트에서 0.51퍼센트로 증가) 혹은 주민 1인당 나무 숫자의 증가(48 가구당 1그루에서 27가구당 1그루로 증가)를 들수 있다.

4단계: 베이스라인 시나리오의 개발

이 단계에서는 현재 상황(베이스라인 시나리오)에서의 탄소 격리의 량을 측정해야 한다. 현재의 상황 시나리오는 계획된 사업이 이행된 후 해당 사업의 영향과 편익을 측정하기 위한 전제 조건이다. 공간적으로 사업 지역에서의 현재의 탄소 격리의 량을 계산하기 위해서는 데이터베이스(big data)를 만들고 지리정보체계(GIS)를 이용, 지도 위에 표시해야 한다.

지형도, 녹지자연도, 임상도 등이 GIS 지도 제작을 위한 기본도로서 이용될 수 있다. GIS 지도는 다차원적이며, 다목적적이고, 장기적인 데이터베이스를 구축하는 데에 이용될 수 있다. 이것은 동일한 지리적 영역과 관련된 서로 다른 2개의 시나리오를 비교할 필요가 있는 경우, 도입되는 시나리오 분석 방법에 있어서 필수적이다. 지리-공간 데이터베이스는 공간 정보는 물론 비공간 정보도 포함한다.

- 공간 정보는 공간적 중요성이 있는 특성들을 말하는데, 공지(open spaces), 산림, 습지, 초지, 수면, 건축물, 도로, 지형 등이 포함되며 지리적으로 지도화될 수 있다.

- 비공간 정보는 공간적 성격을 가지고 있지는 않으나 관심 지역과 연계되는 데이터베이스를 말하며, 가구의 크기, 가구의 소득, 건축물의 이용(주거용, 상업용, 산업용, 공공 기관용), 부동산 가격 등을 들 수 있다.

실시간 모니터링 자료는 베이스라인 시나리오의 설정을 도와 준다.

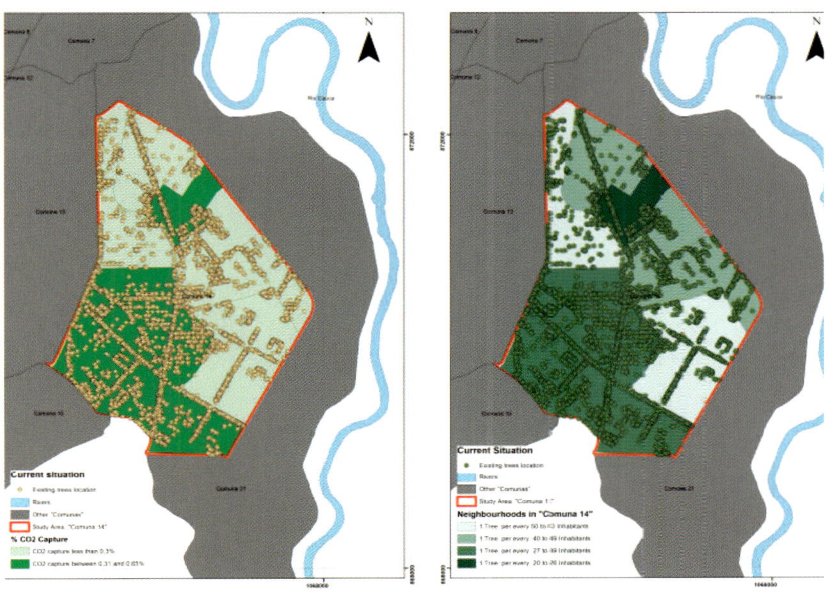

[그림 3.19] 베이스라인 시나리오의 GIS 지도

자료출처: Grafakos(2016), et al. Towards the Development of an Integratec Sustainability and Resilieney Benefits Assesment Framework of urban Green Growth Interventions, Sustainability, 8(5), 461, doi:10.3390/su8050461

그림 3.19는 앞에서 언급한 2개의 지표, 즉 CO_2 포집 면적의 비율(%)과 주민 1인당 나무의 숫자에 의해서 측정된 탄소 격리의 베이스라인 시나리오를 나타내는 GIS 지도들을 보여주고 있다. 목표 년도인 2050년까지 변화되는 경로도 지도화할 필요가 있다.

5단계: 프로젝트 시나리오의 개발

제안된 사업의 시나리오 설정을 위하여 4단계에서 서술된 동일한 과정이 뒤따라야 한다. 이 과정은 선정된 탄소 격리 지표에 대한 해당 사업의 추가성 추정에 목적을 두고 있다. GIS 지도는 사업 지역의 위치와 사업 내용을 보여주기 위하여 이용될 수 있다. 여기에는 도시 녹화 사업을 통하여 추가되는 새로운 나무들이 포함 된다. 그림 3.20은 사업 시나리오의 GIS 지도를 보여주는데, 새로운 나무들의 위치가 포함되어 있다.

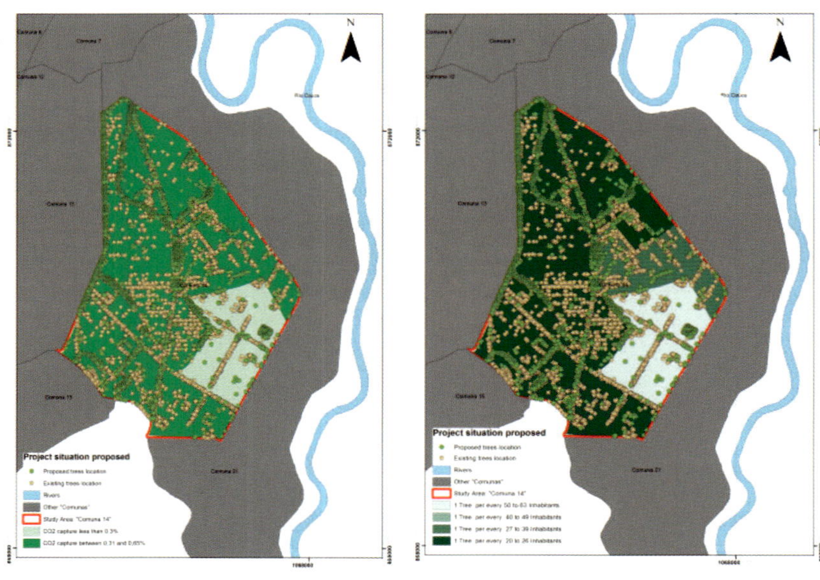

[그림 3.20] 사업 시나리오의 GIS 지도

6단계: 추가성의 산출

추가성은 베이스라인 시나리오와 사업 시나리오 간의 차이를 말한다. 제안된 사업의 시행으로부터 유발되는 순 탄소 격리(net sequestration)의 차이를 측정하는 것에 목적을 두고 있다.

탄소 격리의 증가를 추정하기 위하여 베이스라인 시나리오 지도와 사업 시나리오 지도를 중첩할 수 있다. 이 중첩 지도는 베이스라인과 사업 시나리오의 차이를 공간적으로 나타내 준다. 공간적인 분포와 함께, 식물의 서식처 유형별(산림, 초지, 습지 등), 임상별, 나무 종류별로 CO_2 포집의 면적에 의해서 탄소 격리를 측정할 수 있다.

그림 3.21은 베이스라인과 사업 시나리오 간의 지속가능성 편익의 차이를 보여 주고 있는데 탄소 중립성 편익을 위해서도 똑같은 지도가 작성될 수 있다.

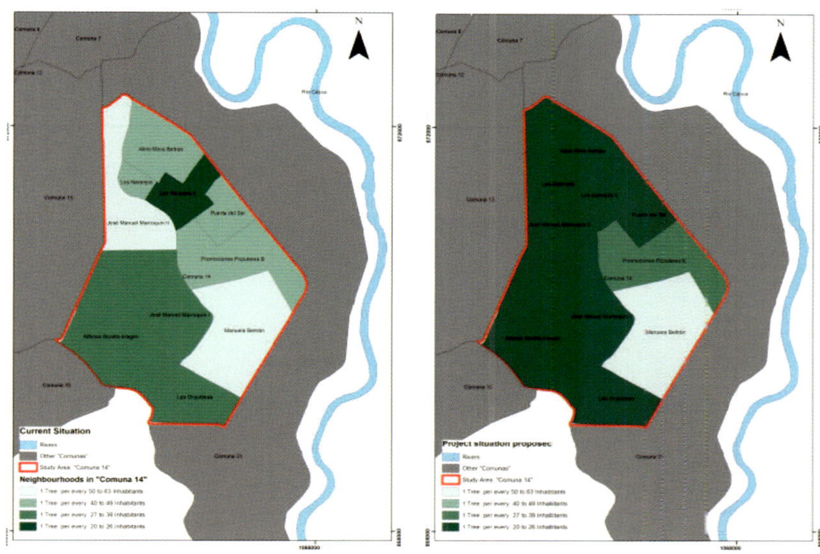

[그림 3.21] 베이스라인 시나리오와 사업 시나리오 사이의 지속가능성 편익의 차이를 나타내는 지도

7단계: 추가성의 경로

블록체인/분산 원장 기술을 이용하여 2050년까지의 추가성의 발생 경로를 실행 방법과 함께 단계적으로 나타내어야 한다.

8단계: 탄소 격리 편익과 탄소 중립성 플랫폼과의 통합

이 단계는 제안된 사업으로부터 얻게 되는 탄소 중립성 혜택을 도시 전체의 탄소 계정과 통합하여 탄소 중립성과 지속가능성의 개선 효과를 평가하는 과정이다. 이를 위해 탄소 대차대조표 분석(carbon balance sheet analysis) 기법이 이용된다.

아래 그림 3.22는 나무(지상)와 토양 속(지하)에서의 탄소 격리를 보여주고 있다. 나무가 흡수하는 탄소의 량은 나무의 크기, 수령, 수종 등 여러가지 인자에 의해서 영향을 받는다. 일반적으로 성숙한 나무 한 그루는 연간 48파운드(lbs)까지 흡수할 수 있는 것으로 보고되고 있다(McAliney 1993). 실제로 성숙된 큰 나무는 묘목보다 대략 1000배 더 많은 탄산가스를 저장할 수 있다(Nowak 2001).

탄소 흡수 능력의 계량화에 대한 관심이 증가하고 있다. 도시의 탄소 발자국을 계량화하고 감축할 필요성 때문이다. 그러나 이와 같은 계산은 쉽지 않다. 과학적 조사가 아직도 진행중에 있으며 환경을 통한 탄소 순환에 대한 이해가 향상되어야 한다. 지리적 위치, 온도, 습도와 우점종(species dominance)등이 주어진 지역의 산림에 의해서 격리되는 탄소의 비율에 영향을 미친다.

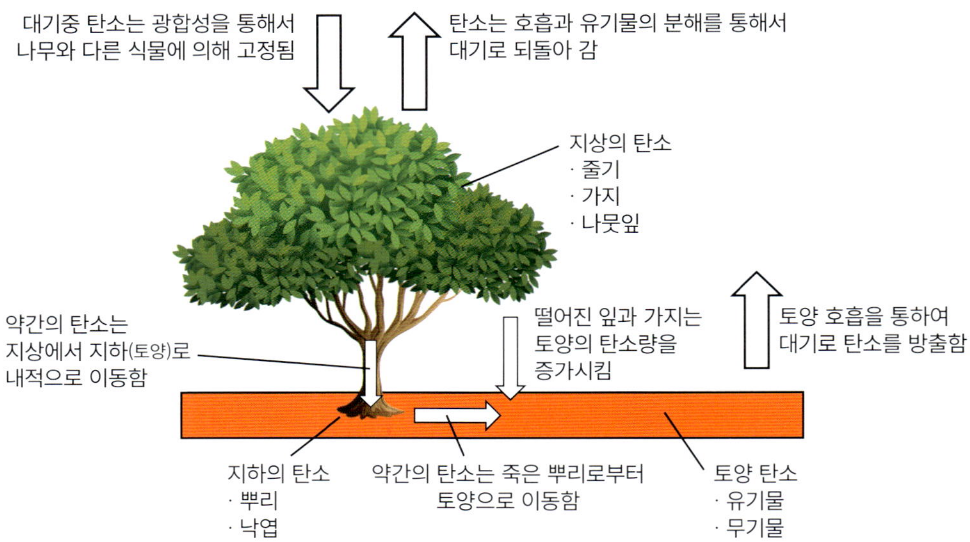

[그림 3.22] 수목과 토양의 탄소 격리: 미국 EPA 2007

IPCC의 토지이용, 토지이용변화와 삼림을 위한 실무지침(Good Practice Guidance for Land Use, Land Use Change and Forestry (LULUCF))은 탄소 흡수 계정을 위한 추정 방법론, 품질 보증과 통제 절차, 문서화와 보고 및 불확실성의 계량화에 대한 지침을 제공한다(IPCC 2003). 이 지침은 국가 차원에서의 온실가스 현황조사를 목적으로 작성되었지만 도시 차원에서의 온실가스의 추정을 위한 토대를 제공한다.

산림지침(온실가스 사업계정을 위한 토지이용, 토지이용변화와)은 사업 계정화에 관한 기존의 지침을 보완하기 위하여 온실가스 프로토콜 지침 "GHG Protocol Guidance"에 의해 개발되었다. 이 문서는 보다 구체적인 지침을 제공하고 LULUCF 사업 활동을 통한 온실가스 감축량을 계량화하고 보고하는 보다 적절한 용어와 개념을 이용하고 있다. 이 문서는 주로 조림과 산림 경영에 중점을 두고 있다.

배출량 현황을 파악하기 위한 세계환경 지자체 협의회 도시삼림 툴킷(ICLEI Urban Forestry Toolkit(software))은 도시 배출량 현황 조사에서 탄소 흡수량의 포함을 일반적으로 권고하지 않는다. 그러나 탄소 발자국과 온실가스 감축 분석에서 탄소 격리를 포함해야 한다는 회원 도시들의 관심이 증가하면서 ICLEI는 최근에 이 이슈에 관한 지침을 개발했다. ICLEI의 배출량 감축계획에 도시 삼림을 포함시키기위한 프로토콜(Protocol for Including Urban Forestry in an Emissions Reduction Plan)은 도시 수목, 가로수에 주안점을 두고 있으나 기본적인 산림 흡수 계정 방법에 활용될 수 있다(ICLEI 2006).

9단계: 새로운 탄소 시장 메카니즘의 활용

탄소 상쇄 혹은 탄소 상쇄 크레디트는 다른 지역에서 발생하는 온실가스 배출량을 보상하기 위한 목적으로 이용되는 온실가스 감축 혹은 탄소 저장량의 증가(토지 복원 혹은 수목의 식재를 통한 저장량의 증가)를 말한다. 탄소 상쇄 크레디트는 정부 혹은 독립된 인증 기관에 의해서 인증되는 양도 가능한 수단이다. 탄소 상쇄 크레디트의 핵심적인 개념은 하나의 도시로부터 다른 도시로 순 탄소 편익(net climate benefit)을 전환하기 위해서 이용될 수 있다는 점이다. 현재 "파리 기후행동 계획: 탄소 중립 도시 및 100% 재생에너지를 향하여(2018, 2019)"를 비롯하여 여러 도시의 탄소 중립 도시 계획에서 도시 간에 혹은 인접 지역과의 탄소 상쇄 크레디트의 거래를 온실가스 관리 전략으로 포함시키고 있다.

3.4 도시 탄소 중립성 평가 기준 및 평가 체계

탄소 중립 도시의 개념은 2050년까지 순 제로 배출량의 야심찬 목표를 설정함으로서 기후변화를 저감시키는 지렛대로서 주장되어 오고 있다. 그러나 현재 작성되고 있는 탄소 중립 도시 계획의 수준을 평가해보고 탄소 중립성의 수준을 향상시키기 위한 미래 계획의 설계를 돕는 연구는 아직 미흡하다. 이 절에서는 척도 대조표(scaling checklist)를 이용, 탄소 중립성을 평가하는 새로운 계획 평가 방법론을 서술한다.

3.4.1 평가의 단계

탄소 중립성 계획의 평가 단계는 다음과 같이 요약될 수 있다.

1단계: 평가 대상 계획의 선정
2단계: 평가의 기준 설정
3단계: 평가의 체계 확립
4단계: 평가 결과의 활용

3.4.2 평가 대상 계획의 선정

탄소 중립 도시 계획의 평가는 계획이 없을 때와 수립된 계획과를 비교하여 비용-효과(cost-effectiveness)와 추가성(additionality)의 제공을 평가하는 방법과 이슈와 관련된 기준과 지표를 이용, 서로 다른 탄소 중립 도시 계획을 비교해보는 방법이 있다. 전자는 단일 계획의 평가에 적합하다. 계획의 초기에 수집된 베이스라인 자료와 계획에 사용된 지표를 비교하여 추가성을 산출하는 방법이다. 이 책에서는 탄소 중립 도시계획의 추세와 진화적 경로를 살펴보고 미래 탄소 중립 도시의 설계를 돕기 위하여 후자의 방법을 설명한다.

비교 대상 도시의 선정은 대표성이 있도록 대륙별로 규모, 성격, 경제적 여건, 기술의 수준 등 다양한 속성들이 고려될 수 있으나 현실적인 제한성은 실제 계획의 구입가능성을 고려해서 결정해야 한다.

3.4.3 평가의 기준

탄소 중립성 도메인, 하위 도메인과 지표

필자는 이 책의 탄소 중립 도시 계획과 자연 기반형 계획의 절차와 내용에 따른 도메인, 하위 도메인과 지표를 개발하여 사례 연구를 수행중에 있다(표 3.1). 구체적인 지표의 선정은 도시의 상황과 평가 기간에 따라 달라 질 수 있다. 이 지표를 프함하여 국제적인 지표를 쓸 것인지 아니면 지방적으로 개발하여 활용할 것인지는 문헌과 사례 조사를 통해서 결정해야 한다.

[표 3.1] 탄소 중립 도시 계획 (2050) 지표

도메인	하위 도메인	지표
포괄적 평가	원칙	◦ 점진적 목표설정원칙 ◦ 사회적, 공간적, 디지털 통합 플랫폼 원칙 ◦ 탄소 상쇄 원칙 ◦ 디지털 전환 원칙
방법론	강한 지속가능성 약한 지속가능성	◦ 순 제로(0) 배출량 ◦ 기준 년도 배출량 이하로 감축 ◦ 기준 년도 배출량과 같은 수준으로 감축 ◦ 1인당 탄소 배출량
도시 프로파일	기후 에너지 자연	◦ 온도증가 ◦ 에너지 수요 공급 ◦ CO_2 현황(탄소계정) ◦ 산림, 물, 토양, 습지 등
기후행동	탄소목표치	◦ 기준년도 ◦ 2030 ◦ 2050 ◦ 2050을 향한 중간 경로
	배출방지와 배출량 감축	◦ 토지이용계획 - 토지이용패턴 - 용도지역지구 - 스마트 플랫폼 모형 ◦ 공간계획 - 도시배치 - 밀도 - 비대면 공공공간 - 폐쇄된 공업단지의 재생 - 사회적-공간적-디지털 통합

도메인	하위 도메인	지표
기술적평가		◦ 도시에너지 - 통합에너지 인프라 플랫폼 - 재생에너지 - 에너지 효율성 - 스마트 그리드 - 폐기물 관리 - 물관리 ◦ 교통 - 교통흐름과 상호연결 - 대중교통과 비전통교통수단 ◦ 건축물 - 스마트 건축물 플랫폼 - 건축물 개조 - 10T 스마트 주택 ◦ 녹지와 자연 인프라 - 통합 그린 인프라 시스템 - 나무의 숫자 - 수목의 수관에 의한 차폐율(%) ◦ 물 - 통합 수자원 관리 시스템 - 빗물의 수집 및 활용 ◦ 산업 - 스마트 공장 플랫폼 - 스마트하고 깨끗한 산업활동 - 기후친화적 제품 ◦ 폐기물 - 스마트 폐기물 처리 플랫폼 - 폐기물 생애주기 관리 ◦ 도시농업 - 스마트 디지털 농업 - 식량서비스와 ICT 장비 ◦ 표준화와 행동강령 - 에너지 효율과 표준 - 탄소 중립 도시 행동강령 ◦ 저탄소 제품 혹은 가치 사슬을 통한 배출 방지
		◦ 시민에 의한 재화와 서비스 소비의 효율성 증진을 통한 온실가스 배출량 감축
	에너지 공급의 탈 탄소화	◦ 태양광과 태양열 ◦ 풍력 ◦ 지열 ◦ 열병합 발전소 등
	탄소 상쇄	◦ 기술 ◦ 탄소 격리 ◦ 탄소 상쇄의 유형

도메인	하위 도메인	지표
3. 조직적 평가	기후변화/ 탄소 중립 환경정책담당 부서 설립	◦ 부서간의 연계 ◦ 관련부서간의 협력
	다중 이해 당사자간의 파트너십	◦ 이해당사자의 숫자 ◦ 이해당사의 유형 - 민간부문 - 개발업자 - 부동산 소유자 - 지방자치단체 - 일반대중(주민) ◦ 자치행동 - 녹색 에너지와 녹색 제품 구입
	사람들의 행태변화	◦ 에너지 소비 ◦ 물소비 ◦ 공유 경제 ◦ 인터넷 망을 통한 영상회의 ◦ 부가가치를 창출하는 가치사슬을 통한 핵심소비제품의 순환성 향상 ◦ 식품소비 - 음식물 쓰레기 감량 - 퇴비화(율)
4. 탄소 중립성 중간 경로 평가	건축물 에너지 프로그램의 착수	◦ 개보수 프로그램 ◦ 에너지 성능
	탄소 중립성 과정의 작성	◦ 규범적 백캐스팅 시나리오와 가정의 평가 ◦ 법정대책 ◦ 도시계획과의 통합 ◦ 그리드 에너지 공급 시스템 ◦ 탄소 보상 메카니즘
5. 이행 로드맵	업무계획	◦ 감축량 증가 기간
	정책이행로드맵	◦ 이해당사자로부터의 환류
	탄소 중립성을 달성하기 위한 행보	◦ 단기행동 ◦ 중기행동 ◦ 장기행동 ◦ 탐색적 예측 시나리오
	주요 예정 공정	◦ 정책계획 ◦ 건축물 에너지 개보수(율)

도메인	하위 도메인	지표
	금융	◦ 도시 CDM ◦ 배출량 거래제도 ◦ 녹색 채권 ◦ 에너지 생산기금 ◦ 탄소 금융 ◦ 녹색 카드 ◦ 도시재생 기금 ◦ 탄소세
	국제적 사례의 활용	◦ Carbon Neutral Cities Alliance's Game Changers ◦ C 40's Focused Accelerations report ◦ Long-term Low-Eomission Development Strategy
6. 공동 편익 : 연결성 평가	사회적 편익	◦ 형평성과 포용성 ◦ 지역사회 소속감
	환경적 편익	◦ 지속가능발전 목표와 파리기후협약의 지방화 ◦ “국가 자발적 감축계획”과 “장기적 배출 개발 전략”의 지방차원에서의 이행 ◦ 보다 깨끗하고, 건강하며 안권한 녹색 도시 환경 ◦ 보다 스마트하고 현명한 자원 관리
	경제적 편익	◦ 탄소 금융과 탄소 자금지원 ◦ 도시 브랜드의 경쟁력 강화 ◦ 녹색 금융과 투자 ◦ 녹색 일자리와 직업훈련
	기후적응	◦ 극한 기온 ◦ 가뭄 ◦ 홍수 ◦ 태풍 ◦ 해수면 상승 ◦ 작물 수확 감소 ◦ 질병대유행(COVID-19)
	기술적편익	◦ 비대면 시대의 연결성 제공을 위한 기술 전환
7. 디지털 데이터 세트평가	디지털 데이터 플랫폼	◦ 블록체인/분산원장 기술 ◦ 5세대 이동통신 ◦ 디지털 쌍둥이 ◦ 가상현실, 증강현실, 혼합현실 ◦ 클라우드(가상서버) ◦ 인공지능 응용프로그램(슈퍼 컴퓨터) ◦ 빅데이터 ◦ 지리정보시스템/전 지구 위치 파악시스템
	데이터 알고리즘 (솔루션 절차와 방법)	◦ 배출량 예측(베이스라인 시나리오: 다중회귀분석) ◦ 탄소 중립성 예측(사업 시나리오) ◦ 추가성 산출(예측) ◦ 탄소 배출량 감축 추적, 계정과 거래 ◦ 탄소대차대조표 분석: 분산원장기술에 의한 온실가스 계정 시스템

기준 질문

기준이 될 수 있는 대표적인 질문은 다음과 같으나 평가의 목적에 따라 질문 문항은 축소될 수도 있고 확대될 수 도 있다.

A 도시의 이름:
B 평가 대상 도시의 탄소 중립 계획의 유형:

( ) 탄소 중립 도시 계획(2050)

( ) 기후행동 계획

( ) 기타 기후 계획(있는 경우, 구체적인 계획 이름을 기입해주세요)

계획의 목표는 무엇인가?

( ) 배출량 감축, 탄소 흡수와 탄소 상쇄에 의한 탄소 중립성 달성

( ) 배출량 감축과 탄소 흡수에 의한 탄소 중립성 달성

( ) 배출량 감축과 탄소 상쇄에 의한 탄소 중립성 달성

이 계획은 탄소 중립성 달성을 향한 중간 경로를 포함하고 있는가?

( ) 예

( ) 아니오

이 계획은 단기, 중기와 장기 기후행동을 파악하기 위한 규범적 백캐스팅 시나리오를 포함하고 있는가?

( ) 예

( ) 아니오

이 계획은 파악된 단기, 중기와 장기 기후행동의 영향을 활성화하기 위한 탐색적 예측 시나리오를 포함하고 있는가?

( ) 예

( ) 아니오

C. 탄소 중립 도시 계획 기준에 관한 질문 문항

ⓐ 도메인, 하위 도메인과 지표

이 계획은 몇 개의 도메인, 하위 도메인과 지표를 포함하고 있는가?

(　　)

ⓑ 온실가스 계정 시스템

이 계획은 블록체인/분산 원장 기술의 사용에 의해서 가능한 기후행동의 영향을 계정화하는 방법을 제안하고 있는가?

(　　) 예

(　　) 아니오

ⓒ 도시 온실가스 계정 접근법

(　　) 생산 기반형 접근법(PBA)

(　　) 소비 기반형 접근법(CBA)

(　　) PBA와 CBA의 장점을 활용한 접근법

ⓓ 탄소 중립 도시를 향한 중간 경로

이 계획은 블록체인/분산원장 기술에 의해서 가능한 배출 감축량 추적과 기후 자산거래의 투명성을 다루고 있는가?

(　　) 예

(　　) 아니오

ⓔ 탄소 중립 도시 목표치 설정 - 목표치 설정 근거

(　　) 현실적으로 달성 가능한 목표치

(　　) 이해 당사자가 행동으로 옮길 수있는 사회적으로 바람직한 목표치

(　　) 기후변화 대응에 필요한 목표치

ⓕ 베이스라인 설정

(　　) 탄소 중립성 목표와 중간 경로로부터 유래된 기대되는 베이스라인(forward-looking

baselines)

( ) 역방향 베이스라인(backward-baselines)

( ) 역량 기반형 베이스라인(capability-based baselines)

( ) 준비 태세 기반형 베이스라인(readiness-based baselines)

ⓖ 도시 소비자의 범주화: 도시에서 소비되는 제품(수입 제품 포함)의 온실가스 배출 발자국의 축소에 기여할 수 있는 도시 이해 당사자

( ) 도시 정부

( ) 시민

( ) 기업

( ) 중앙 정부

( ) 금융 기관

ⓗ 기후행동에서 다루어져야 할 기초적인 핵심 요구(needs)

( ) 접근권(access)

( ) 영양/보건

( ) 생활 양식

( ) 의류

( ) 주거지

( ) 기타

ⓘ 기후행동에 대한 접근 방법

( ) 요구 지향적 해결책

( ) 분야 지향적 해결책

ⓙ 탄소 중립 도시 계획 원칙

( ) 점진적 목표 원칙

( ) 사회-공간-자연-디지털 통합 플랫폼 원칙

( ) 토지 소유 안보 원칙

(　　) 탄소 상쇄 원칙
(　　) 디지털 변화 원칙
(　　) 금융 메카니즘 원칙

ⓚ 탄소 중립성 전략의 유형

(　　) 혁신적인 도시/공간 계획
(　　) 스마트 첨단 기술
(　　) 전력 공급의 녹색화
(　　) 탄소 상쇄

ⓛ 탄소 상쇄 사업

(　　) 온실가스 배출량을 감축시키는 활동에 대한 탄소 상쇄 크레디트: (예시) 재생 에너지 개발(재래식 발전소에서 나오는 화석 연료 배출량의 대체)
(　　) 탄소 격리를 증가시키는 활동에 대한 탄소 상쇄 크레디트: (예시) 삼림 벌채 방지(나무의 성장에 따른 탄소 흡수량의 증가와 목재에 저장된 탄소의 방출 회피)

ⓜ 사업의 규모

(　　) 개별적인 사업(소규모 사업)
(　　) 많은 유사한 사업을 통합하는 "활동 프로그램(program of activities)" (중규모 사업)
(　　) 전체 관할 구역에 걸친 통합된 노력: 광역 산림 벌채의 방지(대규모 사업)

ⓝ 탄소 금융의 유형

(　　) 녹색 채권
(　　) 도시 청정 개발 체제(Urban CDM)
(　　) 배출량 거래제도
(　　) 에너지 생산기금
(　　) 탄소 상쇄
(　　) 녹색 카드
(　　) 기타(구체적으로 기입해 주십시요)

ⓞ 탄소 중립 계획을 이행하는 시범 사업의 숫자

(　　) 1

(　　) 2

(　　) 3

(　　) 4

(　　) 5

(　　) 5개 이상

ⓟ 탄소 중립 도시 디지털 데이터 센터의 운영

(　　) 예

(　　) 아니오

ⓠ 디지털 데이터 플랫폼

(　　) 블록체인/분산 원장 기술(Blockchain/DLTs)

(　　) 5세대 이동 통신(5G)

(　　) 디지털 쌍둥이(Digital twin)

(　　) 가상현실, 증강현실, 혼합현실(VR, AR, MR)

(　　) 클라우드(Cloud: virtual server)

(　　) 인공지능(AI application: super computer)

(　　) 빅 데이터(Big Data)

(　　) 지리 정보 시스템/전 지구 위치 파악 시스템(GIS/GPS)

ⓡ 데이터 알고리즘(솔루션 절차와 방법)

(　　) 배출량 예측(baseline scenarios)

(　　) 중립성 예측(project scenarios)

(　　) 추가성 산출(혹은 추정)

(　　) 탄소 배출량 감축 추적, 계정과 거래

(　　) 탄소 대차 대조표 분석(carbon budgeting)

ⓢ 채택한 스마트 그리드 플랫폼 모형

( ) 스마트 공간 세계/디지털 세계 통합 플랫폼(Smart spatial world/digital world plaftform) (그림 3.23)

( ) 스마트 에너지 그리드 플랫폼(Smart energy grid platform)

( ) 스마트 물 그리드 플랫폼(Smart water grid platform)

( ) 스마트 녹색 인프라 플랫폼(Smart green infrastructure platform)

( ) 스마트 열 병합 발전소 그리드 플랫폼(Smart CHP grid platform)

( ) 스마트 교통 그리드 플랫폼(Smart transport grid platform)

( ) 스마트 건축물 그리드 플랫폼(Smart building grid platform)

( ) 스마트 고형 폐기물 그리드 플랫폼(Smart solid waste grid platform)

ⓣ 투자자의 유형

( ) 공공 투자자

( ) 민간 투자자

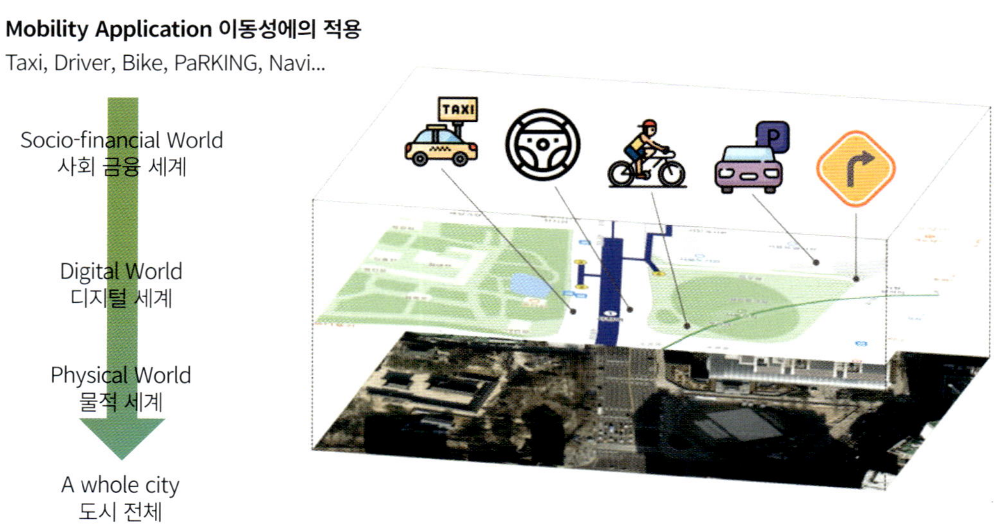

[그림 3.23] 전체 도시의 물적, 디지털, 사회적 세계와 금융 세계의 겹겹이(layers)
자료 출처: KAKAOMOBILITY 2020: DATA DRIVEN MOBILITY INNOVATION

3.4.3 평가의 체계

다음과 같은 3단계를 거쳐 체계적으로 평가될 수있다.

1) 평가범위(Coverage) 지수(CI) 평가
2) 기준 준수 평가
3) 탄소 중립성 지수 산출

이 분석은 표본으로 뽑은 탄소 중립 도시 계획의 커버리지 평가 결과와 기준 준수 평가 결과를 합산하여 전체 점수를 산출하는 과정이다. 이 분석의 단계는 다음과 같다.

1) 커버리지 지수와 기준 준수 매트릭스로부터 각 도시의 커버리지 지수와 준수 점수 확보
2) 각 도시의 커버리지 지수 점수와 준수 점수를 곱하여 종합 점수 산출
3) 종합 점수 혹은 중립성 지수를 백분율로 전환하여 도시의 서열화

표 3.2는 위의 3단계 종합 분석을 위한 데이터세트를 보여 준다.

[표 3.2] 도시별 탄소 중립성 지수의 서열화를 위한 데이터세트

도시 (예시)	커버리지 지수 점수	기준 준수 점수	종합 점수	도시의 백분율(%) 서열화
런던				
파리				
암스텔담				
함부르그				
스톡홀름				
워싱턴, 디 씨				
멜번				
서울				
케이프 타운				
보고타				

3.4.4 평가 결과의 활용

위에서 서술한 평가 기준과 평가 체계를 활용, 탄소 중립 도시 계획으로부터 수집된 데이터 세트(datasets)의 실증적 분석을 수행할 경우 다음과 같은 핵심 사항들이 밝혀질 수 있을 것으로 기대된다.

- ▶ 도시의 지리적 분포가 도시의 탄소 중립성의 수준에 미치는 영향
- ▶ 도시가 펼치는 탄소 중립성 이니셔티브에 의해서 포함되는 평가 지표와 기후 스마트 현명 도시 혁신의 수준과의 상관 관계. 일반적으로 혁신은 모든 분야에서 도시의 탄소 중립성을 강화시키는 중요한 요인이다.
- ▶ 기존의 전략 계획과 탄소 중립성 전략 계획과의 비교를 통한 미래 전략적 목표의 달성 정도
- ▶ 점진적인 탄소 중립 도시 계획에 도시 계획과 공간 계획 전략을 포함시키는 통합 플랫폼의 활용
- ▶ 온실가스 계정 체계에 활용되는 디지털 기술(분산 원장 기술 등)의 수준
- ▶ 과학기반형 목표치 설정 여부와 파리 협정의 장기 온도 목표와의 일치 정도
- ▶ 자연기반형 솔루션이 탄소 중립 생태도시 계획 수립과 개발에 미치는 영향

COVID-19 복원을 위한 그린 뉴딜 사업은 도시의 탄소 중립성 확보에 새로운 기회를 제공하고 있으므로 이와 같은 전환적 변화 “transformational change”를 반영하는 지표의 개발을 검토해야 한다.

Box 3.5
COVID-19 지표[예시]

- COVID-19 대규모 감염지(hot spots 비율)
- 도시의 재개(reopening 비율)
- 친환경적인 기둥식 구조 주택 비율
- 주택 내부의 비대면 활동 공간 비율
- 커뮤니티의 비대면 활동을 위한 공개공지, 공원과 녹지 면적 비율
- 커뮤니티의 비대면 공공시설(도서관, 커뮤니티 센터 등) 숫자와 비대면 활동 공간 비율
- 원격 의료 서비스 비율
- 비대면 교육(eLearning course, etc.), 비대면 시장(market) 등
- COVID 관련 불공평성
- 코로나 경제(coronomics) 지표 등

3.5 탄소 중립 도시 개발과 자연 기반형 해결책의 통합 계획: 생태계 서비스와 기후변화 영향의 평가를 위한 전체론적 통합 플랫폼

도시는 하나의 복잡한 체계이다. 따라서 현재의 기후위기에 대응하고 앞으로의 기후변화를 피할 뿐만 아니라 재난 위험성을 줄이고 생태계와 지역사회의 회복력을 증가시키는 탄소 중립 도시가 되도록 사전 예방적이며 긍정적이고 통합적인 접근을 필요로 한다. 이와 같은 필요성을 충족시키기 위한 통합 탄소 중립 도시 개발 시나리오 모형과 통합 데이터 플랫폼을 제안해보고자 한다.

이미 앞장에서 서술한 바와 같이 도시는 탄소 오버레이(carbon overlay)에 바탕을 둔 탄소 반응성(carbon responsiveness)과 다양한 디지털 기술의 도입을 통한 연결성 목표와 함께 생태지도 오버레이 기법의 이용으로 자연과의 공생적 상호관계를 유지할 때 비로소 탄소 중립 도시의 목표를 달성할 수 있다. 아래 그림 3.24는 3겹으로 개발된 시스템(3 layer system)으로서 다음과 같은 혜택을 기대할 수 있다.

- 도시와 지역사회의 포괄적인 번영의 제공
- 자연과 생태, 정보 통신 기술(ICT)과 기후변화간의 연계성 수립
- 탄소 중립 도시의 대안 모색을 위한 대중 참여의 고취
- 탄소 중립 도시의 정책 목표 달성을 위한 센서 배치의 최적화
- 자연과의 공존 공생의 관점에서 기후 스마트 현명 도시를 위한 통합 해법의 제공

3겹의 시스템(3 layer system)을 포함하여 탄소 중립 도시 개발 시나리오의 대안 설정에는 통합 데이터 플랫폼이 필요하다. 이 시스템을 위하여 보다 효율적인 데이터 분석이 가능한 디지털화된 오버레이(overlay) 기법이 이용된다. 이 플랫폼은 전통적인 시나리오에서는 흔히 결여되었던 다음과 같은 유형의 정보를 포함한다.

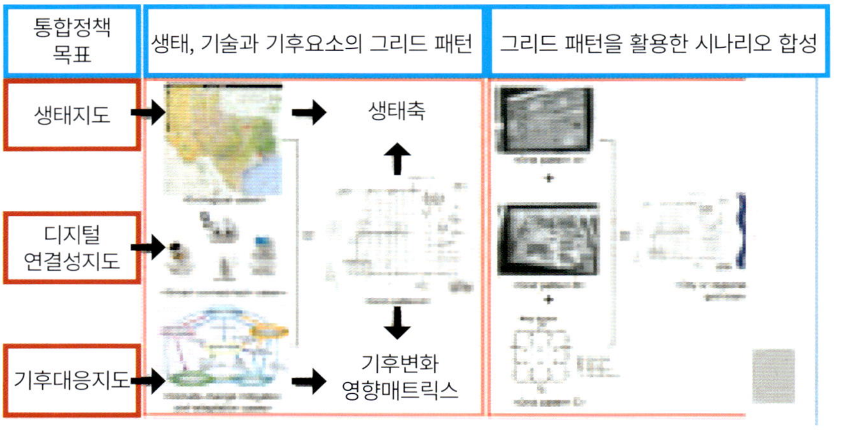

[그림 3.24] 탄소 반응성, 디지털 연결성과 생태적 지속가능성의 겹겹이 (layers)

3겹의 시스템에 필요한 데이터는 다음과 같으며 그림 3.25와 같이 가치 데이터로 통합되어야한다.

기능적 데이터

1) 기상 예측 자료
2) 실시간 CO_2 모니터링 데이터
3) 토지의 특징: 고해상도 영상 자료를 이용한 토지 피복 분류 레이어(layers)를 작성하기 위한 알고리즘

비기능적 데이터(환경 외부성 데이터)

1) CO_2 감축

2) 환경 영향

3) 우리의 일상 생활에서 스마트 기술과 지리공간정보의 영향

컴퓨터 이용 설계(CAD) **데이터**(그림 3.25)

1) GIS와 가상 시각화에 의해서 생성된 데이터

2) GPS를 이용한 지리공간 혹은 위치 기반형 데이터

3) 실시간 에너지 흐름과 배분 지도

4) 지형도 등

이와 같은 자료들은 인공지능(AI)과 분산 원장 기술에 의해서 지원되는 "빅데이터 기반형 온실가스 계정 체계 플랫폼"과 데이터 알고리즘을 개발하기 위해서 이용될 수 있다. 데이터 알고리즘은 다음과 같은 용도로 활용될 수 있다.

[그림 3.25] 통합 데이터 플랫폼

1) 탄소 배출량 예측(베이스라인 시나리오)

2) 탄소 중립성 예측(사업 시나리오)

3) 추가성 산정

4) 탄소 배출량 감축 추적, 계정과 거래

5) 탄소 대차 대조표 분석

[기고]
우리나라 "2050 장기저탄소발전전략"과 탄소 흡수 능력 제고를 위한 몇가지 제안

2021년 2월 14일 라펜트 칼럼

김귀곤
서울대 교수

오늘날 기후변화는 우리의 삶에 영향을 미치며 삶의 패턴을 변화시키는 주요한 이슈가 되고 있다.

작년12월30일 우리나라 정부는 기후변화에 관한 파리협정에 따라 '2030 국가 온실가스 감축목표(NDC)'와 '2050 장기 저탄소 발전전략(LEDS)'을 유엔기후변화협약(UNFCCC) 사무국에 제출하였다. 우리나라는 2017년 온실가스배출량 대비 24.4% 감축과 대한민국 2050 탄소 중립 전략의 이행과 실천을 국제사회에 공식적으로 약속한 것이다. 국내 녹색경제와 포스트 코로나 19 회복에도 도움이 될 것이다.

탄소 배출량을 줄이면서 경제 성장을 추구하는 전략의 하나가 자연, 생태의 탄소 흡수 기능을 제고하는 일이다. 이용가능한 정책, 전략과 기술로 줄일 수 있는 만큼 탄소 배출량을 줄이고 그래도 남는 배출량은 식물로 하여금 흡수토록 하여 식물 체내에 저장시키는 방법으로서 자연에 바탕을 둔 해결책이다. 2019년 말 스페인 마드리드에서 열린 유엔기후변화협약 당사국회의 COP25의 부대행사에서는 자연에 바탕을 둔 해결책(NBS)이 주류를 이루었다. 환경온전성(Environmental Integrity)의 추구가 파리기후협정의 기본 정신이기 때문이다. 기술과 산업 중심의 접근에서 벗어나 17개의 표속가능 발전 목표를 통합하는 플랫폼 비즈니스로의 전환을 요구받고 있다. 각각의 이해당사자들이 추구하는 여러 가지 지속가능발전 목표간의 연결성을 고려하지 않고 탄소 감축량을 일방적으로 배정해서는 이 같은 요구에 부응하지 못 할 것이다.

우리나라의 탄소 중립 5대 기본 방향에서는 탄소 흡수 능력 제고 방안으로 산림, 갯벌, 습지 등 자연.생태의 탄소 흡수 기능 강화를 제시하고 있으나 흡수기반을 한층 더 넓힐 필요가 있다. 흡수기반을 넓히는데 필요한 몇 가지 제안을 하고자 한다.

첫째, 자연.생태자원을 보전하고, 지속가능하게 관리하며 복원하도록 하자. 기존의 자연.생태지역은 많은 개발 압력을 받고 있다. 정책 수준에서 산림, 갯벌, 습지 등의 탄소 저장량을 유지하는 노력이 기우려 지지 않는다면, 기존의 생태계가 유지될 수 없으며 다른 용도로 토지가 전환될 것이다. 국토 이용 및 계획차원에서 탄소순환원리에 바탕을 둔 탄소 흡수와 저장의 평형(Carbon Sequestration Balance)이 평가되어야 한다. 식물은 싹이 이트고 뿌리, 줄기, 가지와 잎이 생장하고 꽃이 피면서 화학적으로 광합성 작용을 통해 이산화탄소를 이용하고 산소를 방출하여 다른 생명체를 유지시켜 주고 있다. 이와 같은 이유 때문에 벌채 및 산림 파괴로 인한 배출량의 감축(REDD+) 프로그램 (UNFCCC) 에서는 온실가스의 배출을 줄이고 배출된 가스를 제거하는데 기여하는 활동의 자격기준을 다음과 같이 정하고 있다. 이 사업들은 탄소 상쇄(CERs)의 대상이 되기도 한다.

- 벌채로 인한 대기로의 탄소 배출량의 감축
- 산림 파괴로 인한 대기로의 탄소 배출량의 감축
- 산림 탄소 저장량의 보전
- 산림의 지속가능 관리
- 탄소 저장 기능의 향상: 유휴토지 등 신규 조림 확대 및 식생복구 등 재조림 강화

둘째, 비무장지대(DMZ)를 탄소 흡수 능력 제고의 실험장(Testbed)으로 활용하자. DMZ의 전체 면적은 907km²(민통지역 제외)로, 서울의 면적(605.36km²)보다 훨씬 넓은 자연. 생태 자원이다. 지구촌의 허파로 평가되기도 하며 산림, 갯벌과 방대한 면적의 내륙습지를 고르게 갖추고 있다. 이 지역은 탄소 흡수를 포함한 많은 생태적 재화와 서비스를 생산해 내는 자연 자본이다. 따라서 이 같은 탄소자본의 축적을 잠식하지 않는 범위 내에서 재생자원을 활용할 때에만 이 지역의 미래 지속성이 담보될 수 있다. 글로벌 시각으로 이미 훼손된 지역은 복원하고 DMZ 일원의 탄소 흡수 기능에 큰 영향을 줄 수 있는 사업은 입지, 규모, 사업시기, 공법 등의 측면에서 신중히 고려되어야 한다. 탄소 흡수 기능 유지와 향상을 위한 토지와 생태자원의 보전과 복원, 지속 가능 이용의 새로운 모형을 이 곳에서 실험적으로 적용해보고, 이 사업의 추가성을 분석하여 UNFCCC가 인증하는 탄소 상쇄의 혜택을 받도록 해야겠다. 추가성은 탄

소 상쇄의 환경온전성에 대한 핵심이다. 배출량 거래제도는 탄소 상쇄제도의 한 사례이다. 탄소 중립 전략의 하나로 DMZ내 유휴지, 군이 떠나버린 군사시설과 방치되어 있는 훈련 장소 그리고 남과 북의 휴전선 155마일에 걸쳐 겹겹이 쳐져 있는 철책 주변의 훼손 지역에 나무를 심어 탄소 상쇄 크레디트를 확보하고 이 크레디트를 탄소 중립 계획에 반영토록 하자. 코스트 리카를 비롯한 중남미 보호지역에서의 탄소 상쇄 크레디트를 이용한 열대 우림의 보전과 복원이 대표적 사례로 거론된다. 표속가능 발전 목표와 기후 대응의 중요성을 반영하고 있는 유럽연합(EU)의 그린 딜 정책도 자연 생태계의 보호와 복원, 자원의 지속가능한 이용, 인간 건강의 증진 가치를 향한 혁신적인 변화를 추구하고 있다.

셋째, 탄소 중립 도시의 조성을 지원하자. 도시는 정부의 "2050 장기저탄소발전전략"과 "2030 국가온실가스감축목표달성"에 필요한 사업을 종합적이고 집약적으로 담아 낼 수 있는 장소이다. 투명한 통계와 탄소계정을 위해서는 도시별로 그리고 분야별로 실제 탄소배출량이 국가계정과 분리되어서 계산되어야 한다. 이 같은 분리가 되지 않으면 이 중 계산이 될 수 있기 때문이다. 정부의 직접적이고 규제적인 대책은 도시탄소 중립성 요건을 변화시킴으로 정부의 전략과 연계된 제도적, 예산상의 지원이 뒷받침 되어야 한다. 예를 들어 도시내 탄소 흡수 기능 향상을 위한 연결된 녹색 인프라 구축을 위해서는 도시 계획 차원에서 도시 토지 이용 및 공간 구조의 변경과 새로운 토지의 확보가 필요하다. 중앙 정부가 내릴 결정이 도시의 탄소 중립성 측면에서 저울질될 것이라는 뜻이다.

탄소 중립은 배출되는 탄소량과 흡수되는 탄소량 사이의 균형을 의미한다. 다양한 기술을 이용, 배출량을 줄이고 대기중 잔여 이산화탄소를 흡수하여 이산화탄소의 양을 '0'으로 만드는 등식 모델은 아직도 개발 중에 있다. 국가 차원이나 도시 차원에서 탄소 중립성 과정의 수행과 입증은 많은 시나리오와 가정, 그리고 과감한 선택을 필요로 하기 때문에 어려울 수밖에 없다. 곧 국제사회가 채택하게 될 새로운 탄소 시장 메카니즘의 시작을 계기로 우리나라가 국제사회에 약속한 탄소 중립 전략에 따라 야심적이고 구체적인 대책과 사업 계획이 마련되어 도시차원에서 구현되기를 기대해본다.

제 4 장 탄소 중립 도시 계획의 실현을 위한 기법

오늘 날 모든 분야의 도시 기후 과학과 혁신이 화두가 되고 있다. 이 장에서는 지금까지 논의된 탄소 중립 계획의 대책 수립에 도움을 줄 수 있는 주요 기법의 목록을 도면과 함께 제시한다. 이 항목들은 계획 과정에서 대조표(checklist)로 활용될 수 있을 것이다.

4.1 도시 계획 및 토지 이용

15분 도시 시대의 탈 구조화(de-infrastructuring)

15분 도시 시대를 맞이하여 에너지, 물, 녹지, 식량 생산과 물질 인프라와 같은 기초적인 시설과 도시 시스템이 사람과 기후를 위한 것이 되도록 하는 탈 구조화 계획 기법의 필요성이 대두되고 있다.

토지 이용 계획

자연적 도시 기후 조절 시스템을 구축하는 새로운 토지 이용 계획기법의 개발과 활용이 요구된다.

- 녹색 토지 이용 패턴: 토양의 이용과 관련된 토양 유기 탄소(soil organic carbon: SOC) 격리(작물 관리 방법 포함)
- 용도 지역제(저배출 지역, 취약 지역, 위험 지역 등)
- 토지 이용의 변화에 의한 산림 면적의 변화(탄소 흡수량의 감소): 나무의 수관에 의한 차폐

율(%)의 변화

- 스마트 토지 이용 플랫폼 모형

4.2 공간 계획

기후 수종을 고려한 탄소 숲세권의 새로운 개념이 도입된 공간 계획이 시도되어야 한다.

▶ 물적 공간, 가상 공간과 자연 공간의 통합

▶ 공간적 차원에서의 도시 분야별 상호 작용(표 4.1)

- 도시 배치(차량의 의존도 제한 등)
- 밀도(혼합 이용, 압축 커뮤니티 등)
- 비대면 공공 공간
- 빈터 활용 개발
- 대중 교통 지향형 도시 개발(TOD)
- 문제 지역의 재생(구 공업 지역 등)
- 사회적 공간과 물적 공간의 통합 증진
- 사회적 공간과 자연 공간의 통합 증진
- 기후 정의의 실현(근린주구 사이의 사회적 불균형 해소)

[표 4.1] 공간적 차원에서의 도시 분야별 상호 작용: 도시 정책의 상호 보완성과 교량(tradeoffs)

영향	토지 이용계획	교통	자연 자원
토지 용도 지역 지구 지정 토지 용도 지역 지구 지정은 건축물의 밀도와 높이, 건폐율과 용적율을 결정함		토지 용도의 분리는 여행 거리와 빈도에 영향을 미침: 대중 교통 지향형 개발 지구 지정은 대중 교통 이용를 고취시킴	용도 지역 지구 지정은 홍수나 도시 열섬 현상에 취약할 수 있는 자연 자원을 지정할 수 있음
교통 교통 정책은 도로와 대량 수송 네트워크의 개발과 확장을 결정함	교통 인프라는 정책은 토지 수요를 형성하고 밀도의 증가를 초래함		교통 시스템은 자연 자원과 보존 지역에 영향을 미침

영향	토지 이용계획	교통	자연 자원
자연 자원 자연 자원 정책은 개발로부터 보존되어야 할 지역과 받아 들여질 수 있는 용도를 결정함	자연 자원 정책은 개발 지역의 한계를 결정함	자연 자원 정잭은 도로의 위치와 대량 수송 인프라에 영향을 미침	

4.3 도시 녹지

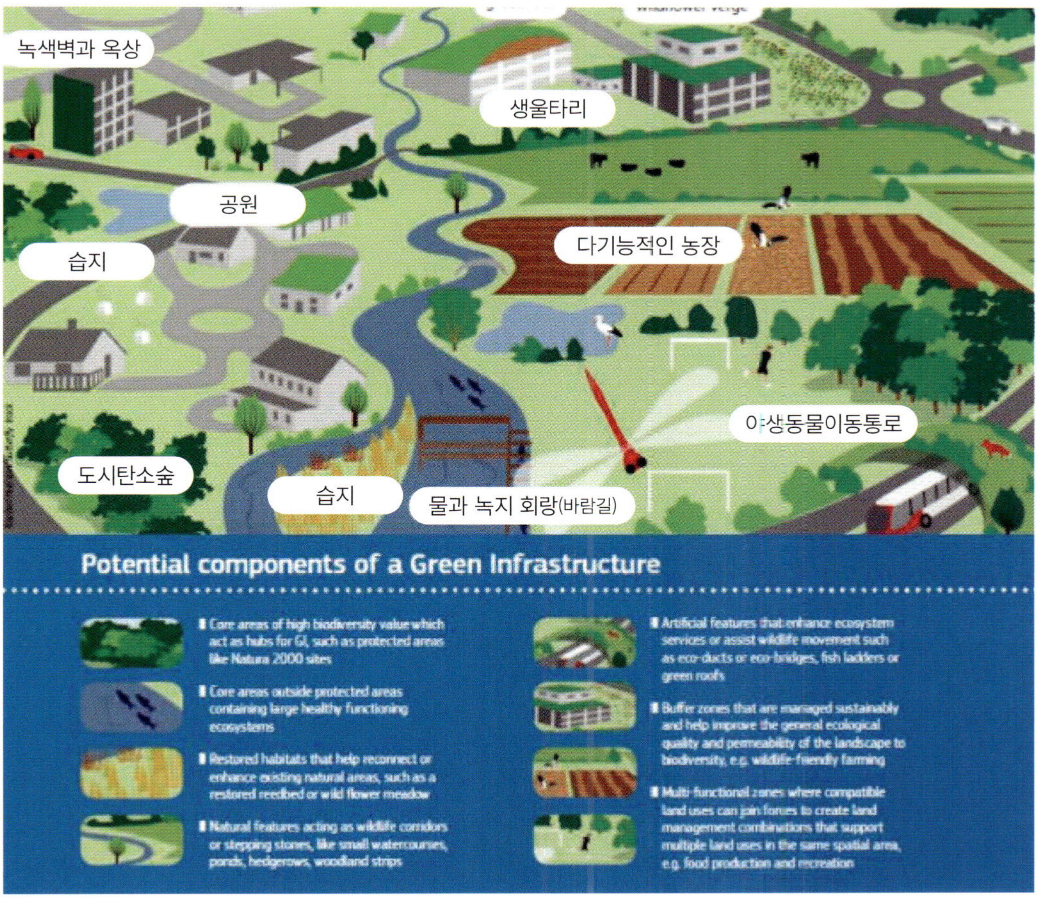

[그림 4.1] 녹색인프라의 잠재적 구성요소
자료출처: European Union, 2013, P.8 (저자수정)

도시 녹색 인프라의 틀 속에서 아래와 같은 대책들이 강구될 수 있다.

- ▶ 생태계에 바탕을 둔 기후변화 저감과 적응대책
- ▶ 기후스마트형 도시생태복원
- ▶ 생태적 그리드(Eco-Grid)의 스마트 해결방안
- ▶ 생태적 적지분석 및 수용능력
- ▶ 생태적 발자국
- ▶ 기후변화와 관련된 위험성을 저감시키고, 생물 다양성을 증진시킬 수 있는 녹색 기반 시설(그림 4.1)
- ▶ 다양한 법률에 기반하고 있는 도시공원 녹지(그림 4.2)

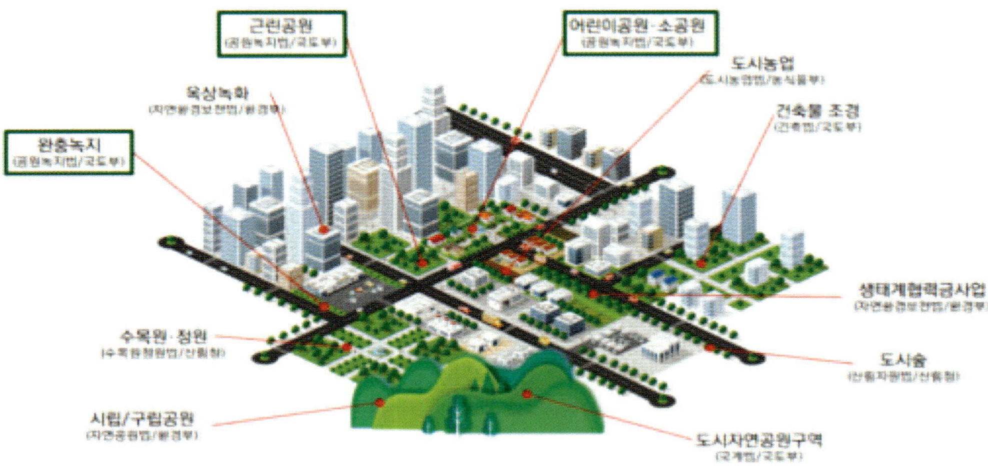

[그림 4.2] 다양한 법률에 기반하고 있는 도시공원녹지 : 공원 녹지축과 망의 개념을 적용한 도시 공원 녹지 네트워크
자료출처: 최희선 등, 2019

그림 4.1과 4.2에서 제시하고 있는 생태적 스마트 그리드의 구성요소의 형성에 도움을 줄 수 있는 국·내외 사례를 보면 그림 4.3에서부터 그림 4.4와 같다.

국내·외 사례

[그림 4.3] 건축물 사이로 중앙의 연결된 수로와 수목 : 주변 녹지와 연결된 네트워크 형성

[그림 4.4] 우수를 이용한 빗물연못 조성: 단지내 자연 요소의 도입으로 "기후변화와 적응" 그리고 도시 열섬 완화에도 도움이 됨

[그림 4.5] 야생화 비오토프: 우수연못과 습지식물, 야생초화류를 이용한 도시내 소생태계. 이같은 소생태계 조성은 자연의 법칙 및 원리에 바탕을 두고 있어 낮은 에너지 투입으로 잔디에 비해 유지관리 비용이 적게 소요됨

[그림 4.6] 녹색건축물 (1): 수직정원(Vertical Garden)

[그림 4.7] 녹색건축물(2): 스웨덴 말뫼시에서는 건축물내에서의 도시농업을 분양조건에 포함시키고 있음

[그림 4.8] 육감(Six Senses)에 의한 녹화: 계단을 올라가면서 조성된 비정형적인 조경은 기다란 계단에 변화를 주고 딱딱한 콘크리트 재료에 부드러움과 향기 그리고 아름다움을 제공하며, 탄소 흡수와 저장에도 효과적임

[그림 4.9] 다목적 옥상 녹화: 기존의 건물 옥상에 설치된 풍력발전용 터빈. 식물에 물을 공급하는 자갈 수로와 우수 집수시설. 토양의 깊이도 높고 낮게 조성, 잔디는 물론 나무가 자랄 수 있도록 하여 새와 곤충을 유치함. 태양광 패널의 설치도 가능함. “스웨덴 말뫼시에서는 여러 환경 생태인자를 모니터링하기 위해 인터넷으로 연결된 센서와 디지털 미터를 옥상에 설치해 놓음.”

옥상녹화 및 태양광 패널(1)

옥상녹화 및 태양광 패널(2)

[그림 4.10] 건축물 지붕을 활용하여 옥상녹화 및 태양광 패널을 설치하여 친환경 건축물로 조성 하였음(스웨덴 말뫼시, 필자 촬영)

[그림 4.11] 자연소재를 활용하여 기후변화로 인한 가뭄에 대응하는 자연기반 솔루션(NBS) : 자연으로부터 수집해 온돌과 자갈, 그리고 야생초 본류를 이용한 생태복원

노지형 퍼머컬처

박스형 퍼머컬처

[그림 4.12] 지역사회 주민들에 의한 참여형 도시 농업: 퍼머컬쳐 정원(permaculture gardens)은 식량 자족도시와 에너지 절약도시 형성에 도움을 줌

[그림 4.13] 빗물침투습지: 습지식물견본원(1) (저영향 개발(LID) 기법)

[그림 4.14] 빗물침투습지: 습지식물견본원(2) (저영향 개발(LID) 기법)

4.4 스마트 그리드 플랫폼: ICT와의 융복합(technology sector)

스마트 그리드 플랫폼은 인공 신경망 네트워크 개념에 바탕을 두고
스마트 그리드 안에 기후변화 저감과 적응 인자를 포함시킨 새로운 통합 플랫폼을 말한다.
(그림 4.15)

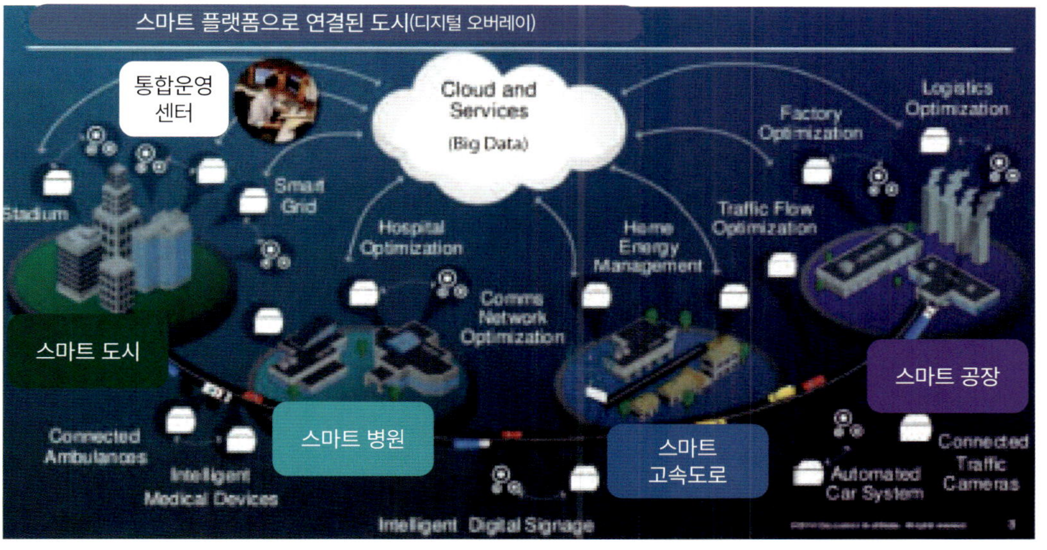

[그림 4.15] 상호 연결된 디지털 스마트 시티 플랫폼
자료 출처: Cisco 2014

디지털 기술로 연결된 스마트 도시 플랫폼

보다 스마트한 환경, 생태, 도시 공간을 조성하는 과정은 출발, 성장, 그리고 시간의 흐름에 따라 변해가는 과정을 위한 개발과정에 4차 산업 혁명기술을 결합하는 과정으로 보아야 된다. 새로운 시도는 대상 공간의 효율성뿐만 아니라 환경 생태계의 순환성, 안정성, 다양성, 지속가능성, 회복 탄력성, 자원 현명성과 연결성을 개선하고 향상시키는 데에 목적을 두어야 한다. 이와 같은 목적의 달성을 위해 단순한 4차 산업혁명 기술의 활용 차원을 넘어서 생태계 혹은 녹지의 재화와 서비스를 통합함으로서 상호 연결되고 정보를 저장하여 새로운 상황에 이용할 수 있는 장소를 만들어 가야 된다. 환경생태계의 건강성과 지속성을 검토하고 상호 조정된 활동을 고취시켜 가기 위해서는 운영 모니터링 플랫폼 모형의 개발이 필요하다. 이같은 플랫폼의 실현을 위해서는 모니터링을 위한 스마트 디지털 센서의 배치가 필요하다(그림 4.16).

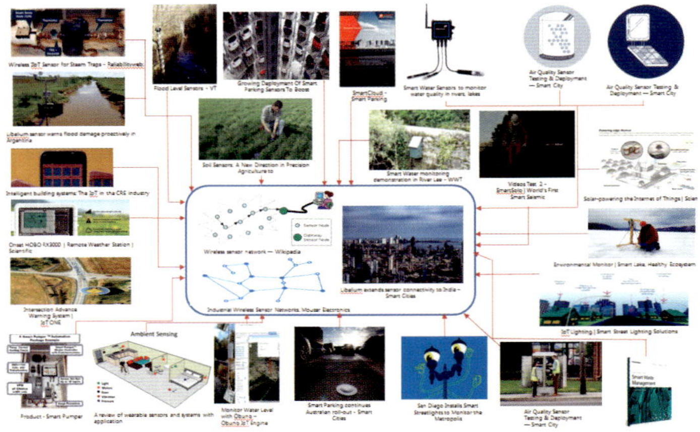

[그림 4.16] 시범단지에서의 모니터링을 위한 스마트 디지털 센서의 배치

스마트 토지 이용 플랫폼 모형

스마트 토지 이용 플랫폼 모형은 COVID-19 대유행 시대에 탄소 중립 도시 조성을 통한 도시 요소와 포스트-COVID-19 회복의 통합적인 접근을 보여 준다(그림 4.16).

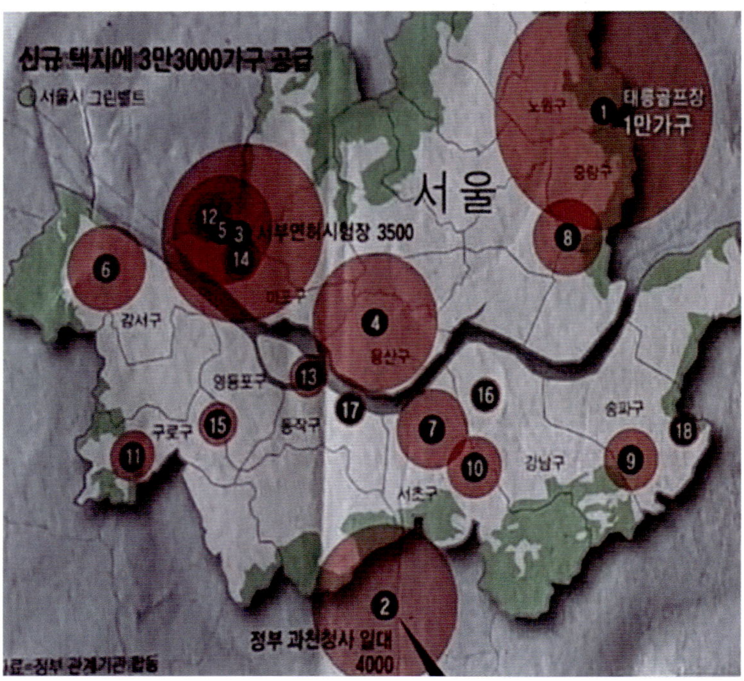

도시 패턴과 밀도 통제
1. 도시 공간의 분산 배치

직장
2. 비대면 공간과 다른 지역사회 공간과의 연결

이동성
3. 자전거 도로의 확장
4. 보행자 도로의 분리
5. 보다 많은 녹도의 제공
6. 드론 배달의 이용
7. 무인 자율 주행차의 이용

공원과 녹지 공간
8. 비대면 활동을 위한 공원 체계의 분산화
9. 공기 흐름을 향상시키기 위한 녹지-물-바람 축의 형성

건축물
10. 전환이 가능하고 적응할 수 있으며 융통성 있는 실내 공간

공공 건축물
11. 공공 건축물의 분산

스마트 기술
12. 비대면 공공

공간의 디지털화
13. 코로나 봉쇄하에서 인터넷 연결성의 확대

[그림 4.17] 도시의 물적 공간과 코로나 19 비대면 인프라의 통합

자료 출처: Kim, Kwi-Gon, Untact Climate Smart, Resilient and Resource Wise City for the Post-COVID-19 Pandemic Recovery, Presented at the In-country Training Program Online for National Center for Public Health, Mongolia, Oct. 19-23, 2020, IUTC and UN-HABITAT

스마트 환경 생태 실증 단지 기본 계획: 녹지와 물의 그리드 플랫폼

물과 녹지 인프라 네트워크는 탄소 중립 도시의 실현을 위한 중요한 기법의 하나이며 그림 3.23의 개념적 모형에서 제안하고 있는 디지털 무선 서비스를 통해서 스마트 디지털 녹색 인프라 그리드 플랫폼 모형을 개발하고 운영할 수 있다(그림 4.18). 특히, 우수를 활용하는 도시 물순환 체계 구축도 가능하게 해준다(그림 4.19).

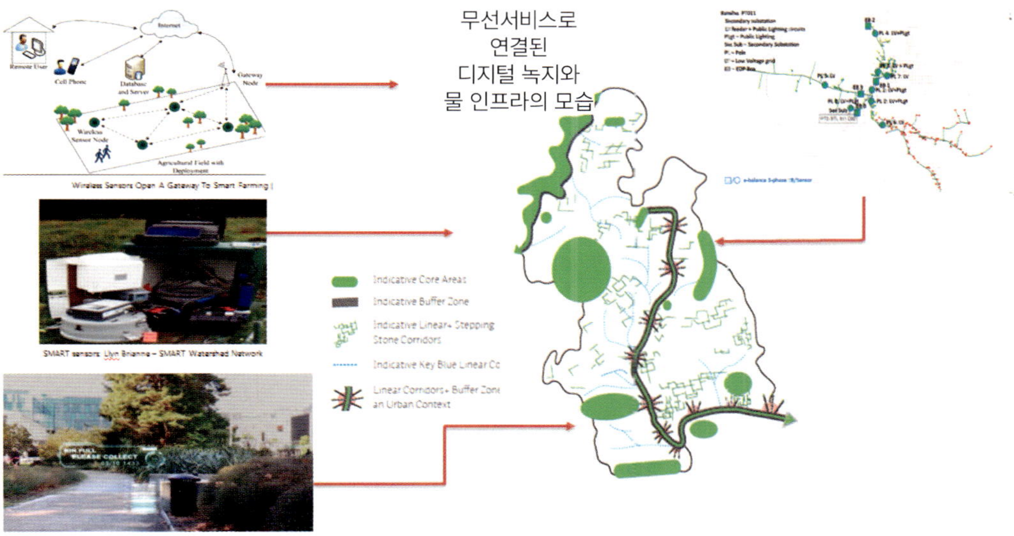

[그림 4.18] 녹지와 물 네트워크 기본계획

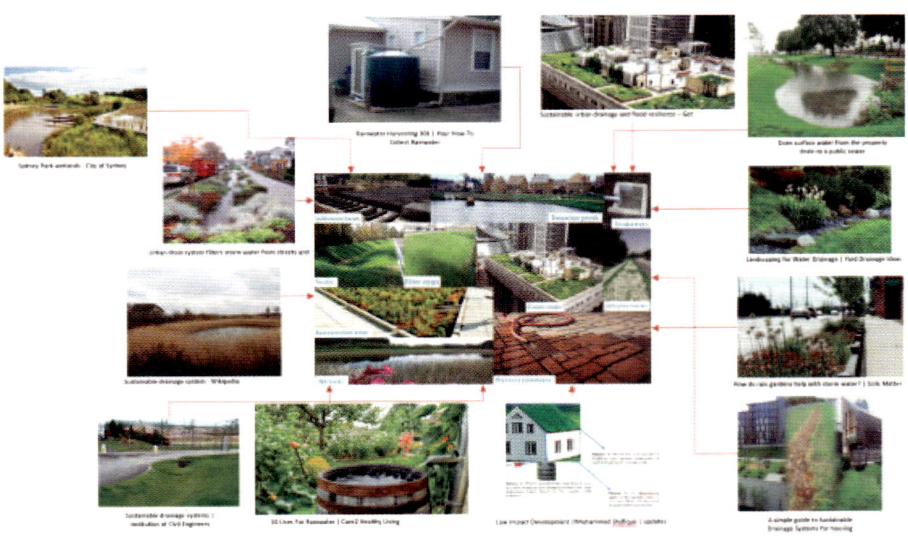

[그림 4.19] 통합 스마트 물순환 그리드 플랫폼
우수를 이용한 연못, 저류지 등을 옥상, 도로변과 공원 녹지에 조성한 사례

통합 스마트 관수 체계

아래의 그림 4.20의 윗 부분은 스마트 기술을 이용한 자동 관수 시스템의 기상 센서들을 보여주고 있으며 아래의 상자들은 자동 제어 프로그램 단위들을 보여주고 있다. 이 시스템은 자동화 과정과 의사 결정 과정으로 크게 구분되어진다. ITC 융복합 디지털 녹지 관리와 디지털 도시농업에 활용되고 있다.

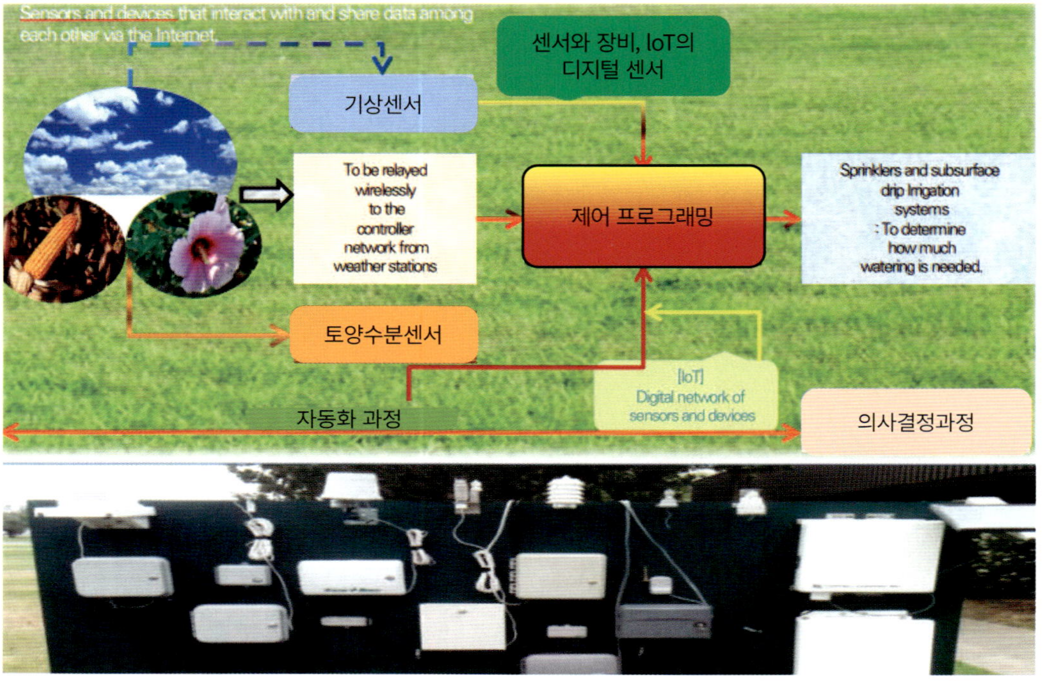

[그림 4.20] 접지 센서(groud sensors)와 기상 센서로부터 얻은 자료를 이용하여 물의 순환을 조정하는 스마트 관수 제어 장치
자료 출처: Luskin Center, UCLA, Smart Parks: A toolkit, p 61

4.5 기후 스마트형 생태 복원

습지는 기후변화 대응 전략에 있어서 가장 중요한 생태계 중의 하나이다. 그럼에도 불구하고 습지의 현재 탄소 격리 잠재성은 인간에 의한 교란 때문에 줄어들고 있으며 전 지구적 인구 성장과 기후변화 시나리오 아래에서 더욱 많은 감소가 예측된다.

습지에 의한 탄소 격리를 향상시키기 위한 많은 대책들은 습지 생태계가 전 지구적 탄소 균형과 기후변화 저감에 기여할 수 있도록 해주고 있다. 습지를 통한 탄소 저장 대책으로는 기존의 자연 습지의 보전에 우선순위가 주어져야 하며 추가적인 대책으로는 습지 동물과 식물, 토양, 수계 및 습지 연결성과 관련된 위험성을 고려해야 한다. 또한 경쟁적인 토지 이용으로부터 습지를 보전하기 위해서는 충분한 경제적 인센티브가 필요하다.

습지의 연결성은 탄소, 물, 영양소, 오염물질, 야생동물 종을 포함한 생물자원과 비생물 자원에 의해서 제공되는 연결로부터 이루어진다(그림 4.21). 그림 4.22는 통상적인 습지 관리 방법과 스마트 기술(IoT와 연결된 센서, 디지털 미터기, 분산 원장 기술 등)을 결합함으로서 습지 관리의 연결성, 효율성과 지속성을 높일 수 있는 방법을 나타내고 있다.

[그림 4.23]의 [그림 4.22]에 활용될 수 있는 스마트 디지털 기술들을 보여준다.

습지와 습지 연결성의 체계

Although there are many different werland types, they can be divided into two broad categories: NON-TIDAL WETLANDS and TIDAL WETLANDS.

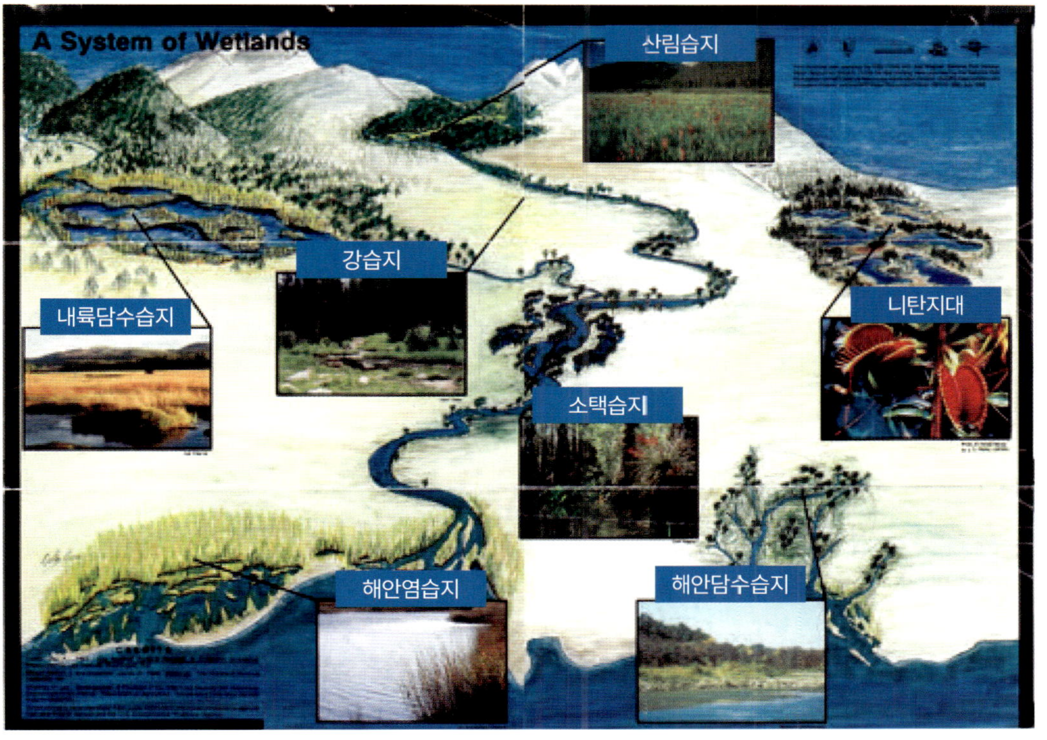

[그림 4.21] 습지와 습지간의 연결성 시스템

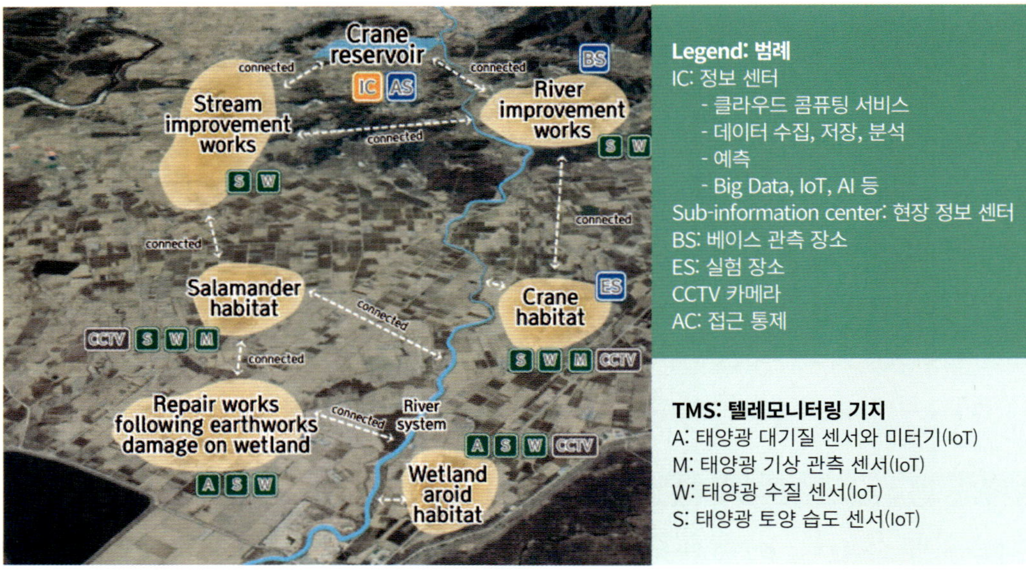

[그림 4.22] 경관과 생태계의 연결성을 향상시키기 위한 스마트 기술(IoT와 연결된 센서, 디지털미터기, 분산원장)의 이용

[1] Cloud Computing (클라우드 컴퓨팅)

Connecting server and storage all over world: Infrastructure, Software & Platform

Source Chosun Daily Newspaper:
"IT, AI, Robotting, Cloud"

Source Chosun Daily Newspaper:
"IT·AI·Roboting, Cloud"

[2] IoT로 연결된 가상 플랫폼

IoT 플랫폼은 하나의 IoT 시스템에서 모든 것을 연결하는 지원 소프트웨어이다. 이 IoT 플랫폼은 커뮤니케이션, 데이터 흐름, 디바이스 관리, 응용의 기능성을 촉진시켜준다.

[3] 빅데이터

AI is nothing without data!

Data Source	→	IT Developer	→	Data Scientist	→	General User
자료수집, 개발, 공유		분석, 알고리즘 개발, 보급		융복합 분석, 개발, 보급		응용, 시각화

Blockchain is a shared virtual database for wetlands

[4] 블록체인(1)

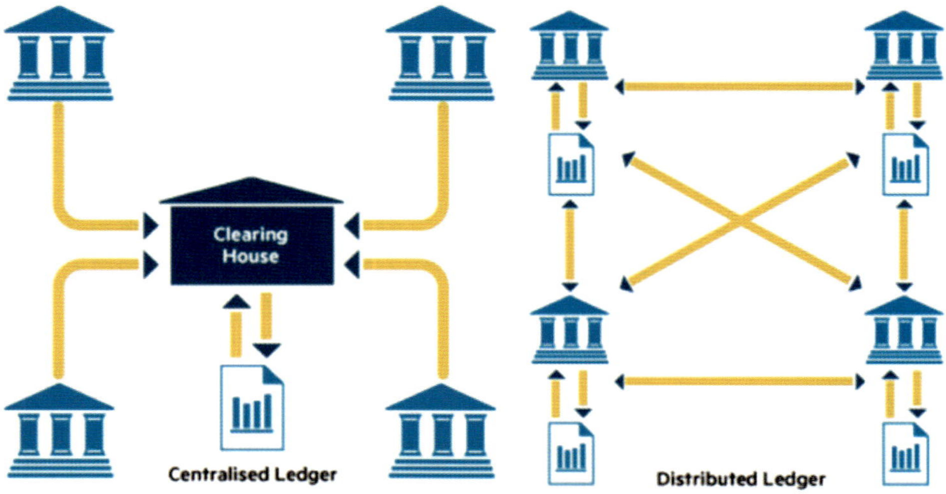

[5] 블록체인(2)

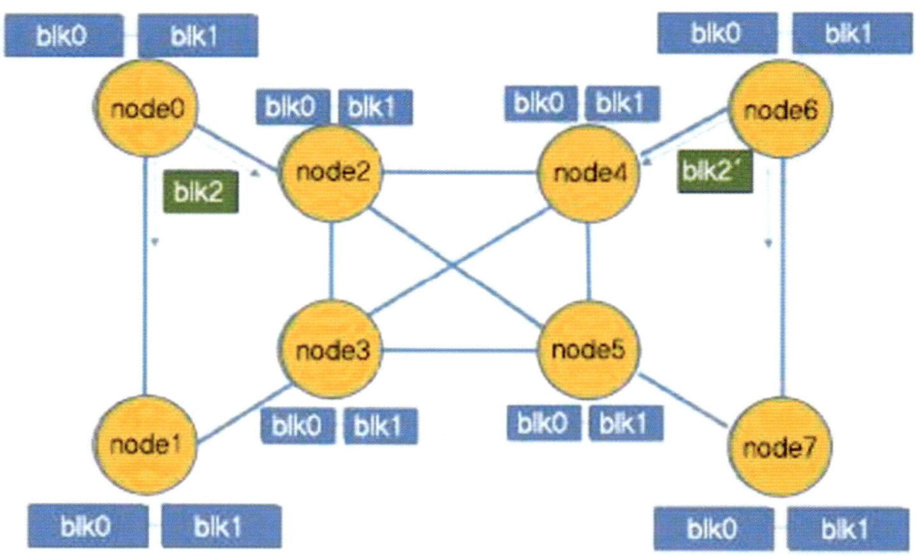

[그림 4.23] 생태계관리의 연결성, 효율성, 지속가능성, 탄소 격리의 향상에 활용될 수 있는 스마트 기술

4.6 블록체인/분산원장 기술에 의한 새로운 온실가스 계정 모형

탄소 중립 도시계획의 사례를 통해서 본 탄소 계정 체계

도시 탄소계정 혹은 온실가스 계정은 도시가 배출하는 CO_2를 측정하는데 쓰이는 과정을 말한다. 이 계정은 탄소와 관련된 의사결정에 도움이 되도록 사실에 바탕을 둔 근거를 제공해 준다. 그림 4.24는 탄소배출과 흡수를 간단하게 "+", "-"로 표시해 주고있다.

Choice of Reference level(참조수준의 선택)
평균 배출량 혹은 평균 활동자료에 기반한 참조수준의 사례

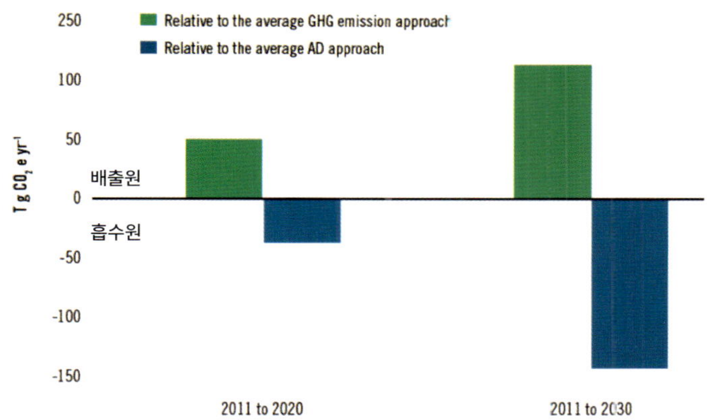

Source: Olguin et al. 2015, Kurz et al. 2016

[그림 4.24] 탄소배출(+)과 흡수(-) 참조 수준의 선택

많은 경우에 온실가스 프로토콜(GHGP)의 기준을 채택한다. 이 기준은 계정과 보고 기준, 분야별 지침, 계산 도구, 그리고 비즈니스와 정부를 위한 훈련에 관한 사항을 다루고 있다. 여기에는 도시의 배출량을 측정하고 관리하는 데 이용할 수 있는 표준화된 준거틀도 포함되어 있다. 2016년에 새로운 배출량 계정 방법이 세계 자원 연구소(WRI)와 온실가스 프로토콜과의 협력으로 시작되었는데 GLEC(Global Logistics Emission Council) 준거틀이라고 불리워진다. 온실가스 프로토콜은 다음과 같은 3개의 범주로 구분된다. 여기에는 도시의 배출량을 측정하고 관리하는 데 이용할 수 있는 표준화된 준거 틀도 포함되어 있다. 2016년에 새로운 배출량 계정 방법이 세계 자원 연구소(WRI) 와 온실가스 프로토콜과의 협력으로 시작되었는데 "전 지구적 실행 배출량 위원회(Global Logistics Emission Council: GLEC)" 준거틀이라고 불리어 진다. 온실가스 프로토콜은 다음과 같은 3개의 범주로 구분된다.

1) 범주 1(Scope 1): 직접 온실가스 배출량
2) 범주 2(Scope 2): 간접 온실가스 배출량(전기)
3) 범주 3(Scope 3): 기타 간접 온실가스 배출량

한편, 산림 관리자들은 산림 탄소 상쇄와 산림 경영의 탄소 시사성을 평가하기 위하여 다양한 모델링 기법을 이용한다. 위에서 서술한 3가지 범주와 함께 탄소 계정에서는 산림 경영을 통해 배출원을 줄이고 탄소 흡수를 증가시키는 모형을 활용할 필요가 있다(그림 4.25).

[그림 4.25] 산림분야의 탄소계정모형: 캐나다의 "CBM-CFS3"

생산 기반형 접근법 vs 소비 기반형 접근법

지금까지 온실가스 계정에 사용해온 생산 기반형 접근법(PBA)을 향상시키기 위하여 소비 기반형 접근법(CBA)의 필요성이 제기되고 있다.

소비 기반형 온실가스 계정은 시민의 핵심 요구를 지속 가능하게 만족시켜주는 가장 적절한 온실가스 계정 시스템이 될 것으로 평가되고 있다. 그러나 이 계정의 활용에 필요한 정보로의 접근은 중요한 장애 요인이 될 것이다. 소비되는 생산품의 탄소 발자국을 추적할 때 그들 생산품의 생산 과정에서 배출되는 온실가스를 포함시키지 않는 위험성이 있기 때문이다. Massamba(2021)는 이 이슈를 다루기 위하여 소비 기반 계정과 생산 기반 계정의 장점을 살린 생애 주기(life cycle)형의 새로운 온실가스 계정 시스템을 제안한다. 이 시스템은 시간과 공간을 초월하여 소비되는 상품이 담고 있는 온실가스 배출량(embodied emissions)을 과거로 돌아가 추적할 수 있다.

Massamba는 생산품에 포함된 온실가스 배출의 흐름을 서술하기 위하여 분산원장 기술

(DLT)의 사용을 제안한다. 분산원장 기술의 불가역성 기능(immutability function)을 살려, 생산품의 거래와 관련된 정보를 암호표기법으로 밀봉하고 분산원장에 기록해두면 DLT 네트워크의 동의 없이는 변경될 수 없다.

생산품의 이동과 함께 생산품에 포함된 온실가스 배출량은 생산자로부터 구매자로 책임이 넘어간다. 이 과정은 생산품의 온실가스 배출 발자국에 첨부된 서술과 함께 온실가스 계정에 매우 높은 수준의 분석 단위를 제공해 준다. 소비된 생산품에 포함된 온실가스 각각의 톤(ton)에 대해서 어디에서 배출됐는지에 관한 정보는 물론, 다른 관련 정보를 가치 사슬(value chain)을 따라 파악할 수 있다. IoT, AI, GPS, 무선 전파 식별 시스템(RFID)과 같은 디지털 기술의 이용은 온실가스 계정 시스템을 더욱 자동화시킬 것으로 기대된다.

이 방법은 베이스라인 설정을 위한 온실가스 계정 시스템의 또 다른 특수성을 제안하고 있다. 현재의 베이스라인 틀에서 출발하여 새로운 유형의 베이스라인을 제안하고 있는데, Massamba는 이 베이스라인을 미래 지향적 베이스라인(forward-looking baseline)이라고 부른다.

이 방법의 특징은 무엇이 가능하거나 바람직한가 혹은 "어떠한 진척을 이미 달성했는가"보다는 "필요한 것이 무엇인가"를 끌어내는 데에 있다. 소비 기반형 온실가스 배출의 분류 유형화, 각 유형별 분야별 접근법도 나와 있다. 소비 기반형 온실가스 배출의 유형화를 위한 필요 기반형 접근법(need-based approach)도 제안되고 있는데, 이 접근법은 시민이 만족해야 하는 핵심 필요 항목을 중심으로 소비를 유형화하고 있다. 유엔 기후 변화 협약(UNFCCC)에서는, 최근, 위와 같은 새로운 온실가스 계정 시스템을 사례 연구를 통해 실증해보기 위한 '시범' 온실가스시스템('pilot' GHG system)에 관한 국제협력 사업을 진행시키고 있다. 이 사업을 통해 "소비 (수요) 기반형 온실가스 계정 시스템 지침"을 마련하여 보급하는 계획을 추진하고 있다.

이 지침은 전 세계적으로 이용되는 새로운 표준이 될 것으로 기대되며 탄소 중립 도시 계획에 포함되는 기후행동의 성공적인 이행과 장, 단기 실행계획의 수립에도 기여할 것으로 관심을 모으고 있다. 또한, 도시 수준에서 파리협정의 이행에 기여할 수 있도록 탄소 중립성 달성을 위한 도시 경로의 일부로서 배출량을 추적하는 데에 이 지침이 활용되도록 할 것으로 전망된다.

이와 같은 일련의 노력은 금년 11월에 영국 글라스고에서 개최되는 COP26에서 UNFCCC가 주관하는 "의제(Agenda)" 행사의 일환으로 다루어질 것으로 보인다(저자와의 비공식 자료).

블록체인 모형

김귀곤(2021)은 탄소 중립 도시의 추가성 계획을 위한 4개의 모형들을 개발했는데 모형별 특징은 다음과 같이 요약될 수 있다.

	기후에 영향을 미치는 도시 개발 활동	온실가스 배출량을 감축하는 도시 CDM 사업 요소					
		Land use planning	Transport	Energy generation	Building energy	Solid waste	Waste water and water efficiency
대책	Transport (e.g. Transit oriented development)	Major GHG reduction	Major GHG reduction	Major GHG reduction	Minor GHG reduction	Its magnitude cannot be determined	Its magnitude cannot be determined
	Building Energy (e.g. Mandatory building energy code)	Major GHG reduction	Minor GHG reduction	Major GHG reduction	Major GHG reduction	Minor GHG reduction	Minor GHG reduction
	Land Use Planning (e.g. Infill/densification)	Major GHG reduction	Major GHG reduction	Major GHG reduction	Minor GHG reduction	Minor GHG reduction	Minor GHG reduction
	Energy Generation (e.g. District heating & cooling)	Major GHG reduction	Minor GHG reduction	Major GHG reduction	Major GHG reduction	Minor GHG reduction	Its magnitude cannot be determined
	Solid Waste (e.g. Waste transport vehicle routing reduce km travelled)	Major GHG reduction	Major GHG reduction	Major GHG reduction	Minor GHG reduction	Major GHG reduction	Its magnitude cannot be determined
	Waste water and water efficiency (e.g. Wastewater switching treatment and optimization)	Minor GHG reduction	Minor GHG reduction	Major GHG reduction	Major GHG reduction	Its magnitude cannot be determined	Major GHG reduction

[그림 4.26] 탄소 금융을 위한 블록체인 플랫폼 모형 A

1) 제1모형은 탄소 금융을 위한 모형으로서 탄소 중립 대책과 이 대책들이 탄소 중립성에 미치는 궁극적인 잠재 영향과의 관련성을 서술하는 온실가스 행렬(matrix)이다(모형 1).
2) 제2모형은 탄소 중립 도시 계획(2050)의 배출 감축 추적, 온실가스 감축 대책과 각각의 대책에 의한 배출 감축량의 합산을 위한 모형이다(모형 2).
3) 제3모형은 블럭체인 기술을 이용한 탄소 시장의 디지털 기능 레이어(digital functional layers)의 연결성을 보여주는 모형(모형 3)으로서 블록체인 기술은 모든 유형의 온실가스 배출 관련 데이터(기후 대책, 추가성 등)를 공유 시각 데이터베이스 (shared visual database)로 합성하고 탄소 배출권의 거래를 투명하게 지원해 줄 수 있다.
4) 제4모형은 분산원장 기술의 힘을 이용, 투명한 온실가스 배출 추적과 도시 탄소 금융

의 이행의 통제에 관한 정보를 이해당사자와 공유하기 위한 절차를 보여주는 모형이다(모형 4).

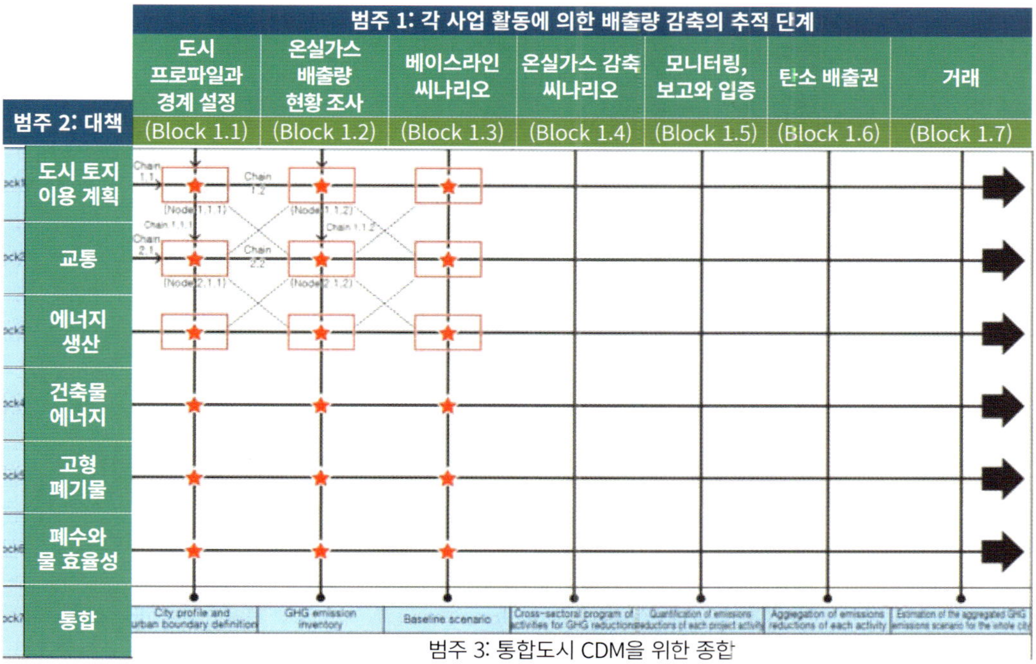

[그림 4.27] 탄소 금융을 위한 블록체인 플랫폼 모형 B

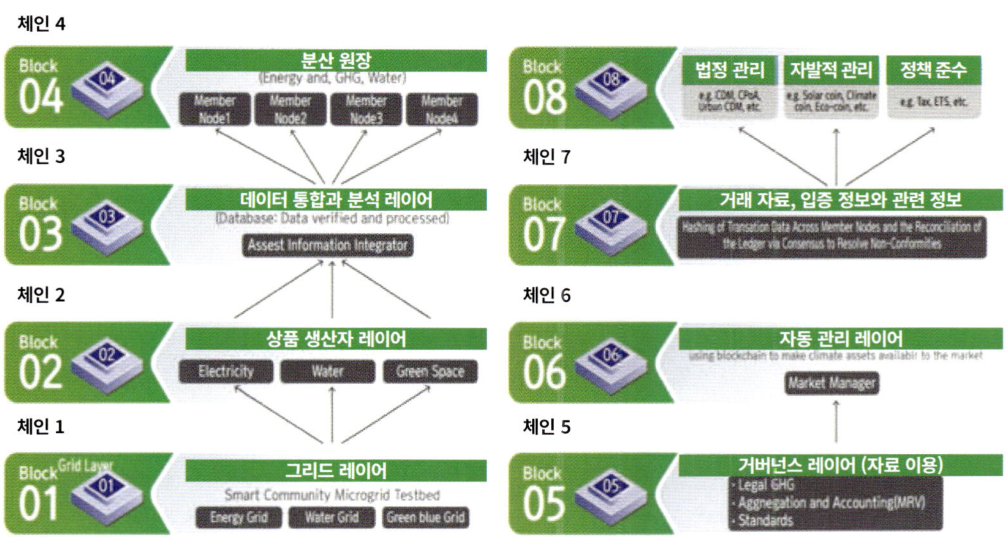

[그림 4.28] 탄소 금융을 위한 블록체인 플랫폼 모형 C

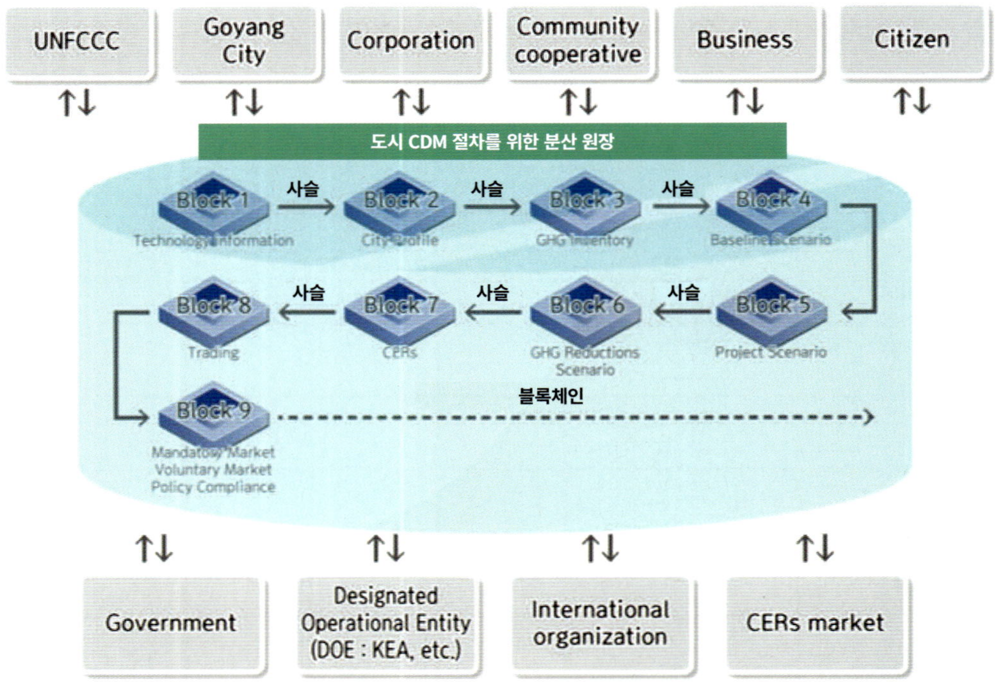

[그림 4.29] 탄소 금융을 위한 블록체인 플랫폼 모형 D: DLT를 활용한 이해당사들과의 단계별 정보 공유

4.7 새로운 탄소 시장 메카니즘

이 책의 "3.3 자연 기반형 탄소 격리 계획"의 "9단계"에서 서술된 탄소 상쇄의 주요 프로그램의 사례는 표 4.2와 같다.

탄소 상쇄

[표 4.2] 주요 탄소 상쇄 프로그램 사례

"규정 준수" 탄소 상쇄 프로그램 (정부 기관에 의한 운영)	지리적 범위	상쇄 크레디트를 위하여 이용되는 라벨
Clean Development Mechanism (CDM)[6]	Low & middle income countries	Certified Emission Reduction (CER)
California Compliance Offset Program	United States	Air Resources Board Offset Credit (ARBOC)
Joint Implementation (JI)[7]	High income countries	Emission Reduction Unit (ERU)
Regional Greenhouse Gas Initiative (RGGI)	Northeast United States	RGGI CO_2 Offset Allowance (ROA)
Alberta Emission Offset Program (AEOP)	Alberta, Canada	Alberta Emissions Offset Credit (AEOC)

"자발적" 탄소 상쇄 프로그램 (비정부 기구에 의한 운영)	지리적 범위	상쇄 크레디트를 위하여 이용되는 라벨
American Carbon Registry	United States, some international	Emission Reduction Tonne (ERT)
Climate Action Reserve (CAR)	United States, Mexico	Climate Reserve Tonne (CRT)
The Gold Standard	International	Verified Emission Reduction (VER)
Plan Vivo	International	Plan Vivo Certificate (PVC)
The Verified Carbon Standard	International	Verified Carbon Unit (VCU)

Source Broekhoff D, et al(2019) Securing Climate Benefit: A Guide tc Using Carbon Offsets, GHG Management Institute, Stockholm Environment Institute, p9

CDM

청정개발체제는 다음과 같은 3가지 유형이 있는데, 새로운 탄소 시장 메카니즘의 탄생을 계기로 CDM의 개혁에 대한 논의가 활발해지고 있다.

1) 사업 CDM
2) 건축물 CDM(건축물 전체, 단지, 지구단위)
3) 도시 CDM(Urban CDM)

세계 환경역사 바꾸는 도시CDM

<청정개발체계>

기 고

김 귀 곤
2011 도시환경협약
광주정상회의 기획위원장

도시는 세계 인구 50% 이상이 거주하고 있는 삶의 공간이자 경제활동 중심지다. 하지만 세계 에너지를 69% 소비하면서 온실가스 배출량 중 70%를 차지하는 등 기후변화의 주요 원인이기도 하다.

도시화가 빠르게 진행되면서 녹지공간이 줄었고, 교통난과 대기오염, 쓰레기 처리 등 많은 환경 문제가 발생했다. 최근 뉴욕타임스는 미국 시카고에서 열과 관련된 사망자 수가 연간 1200명에 달할 수 있다고 보도했다. 도시들이 이미 열과 더위에서 발생하는 위험에 직면하고 있는 것이다.

선진국 도시에서는 기후 중립적인 건물, 즉 온실가스를 배출하는 화석에너지를 사용하지 않는 건물을 설계하고 건설하는 것이 이미 기후 행동계획의 관행처럼 돼가고 있다. 하지만 개발도상국가 도시들은 선진국 도시 사례와는 다르다. 도시환경 보전과 기후변화에 대응하기 위한 투자를 커다란 경제적 부담으로 느끼고 있다.

이 같은 상황에서 각 나라들은 친환경 기술에 대한 외국 투자를 받아 자국 개발을 지속 가능한 방향으로 유도할 수 있도록 유엔이 채택한 방식인 청정개발체제(CDM)를 주목할 필요가 있다. CDM 사업은 유엔 기후변화협약(UNFCCC)에서 주관하고 있는 온실가스 감축 방법 중 하나다. 이는 선진국과 개도국이 협력해 탄소금융이라는 경제적 수단을 통해 저탄소 녹색기술 도입을 촉진하기 위한 기제인 것이다. 현재 도시 내에서 탄산가스와 메탄가스 등 온실가스 감축활동에 의한 탄소 크레디트(Credit)는 0.02%에 불과한 실정이다. 지나치게 경직돼 있는 기존 CDM에 개혁이 필요한 이유다.

이제 도시 CDM 이니셔티브(Initiative)가 필요한 시점이다. 이 이니셔티브에는 도시 전체 기준배출량과 비교해 감축된 온실가스 양만큼 탄소배출권을 부여하고, 유엔기후기금을 이용한 탄소배출권 매입과 도시 간 배출권 거래 등을 시행하는 것을 포함한다.

도시 CDM 도입을 통한 세계 첫 탄소금융 시스템이 나올 수 있을 전망이다. 탄소시장이 설립되면 지금까지 사업·부문별 시장 총합을 뛰어넘는 새로운 글로벌 탄소시장 창출이 가능할 것으로 전문가들은 보고 있다. UNFCCC에서 지정한 기존 15개 분야에서 CDM 프로젝트를 통한 온실가스 감축은 한계에 이르렀다는 것이 국제사회의 일반적인 지적이기 때문이다. 나아가 글로벌 탄소시장 등장은 소득과 녹색 일자리 창출에도 긍정적 효과를 가져올 수 있다. 때마침 광주에서는 UNEP(유엔환경계획프로그램)와 공동으로 환경부 에코 이노베이션(Eco-Innovation) 사업에서 연구자금을 지원받아 도시 CDM 연구개발사업을 진행하고 있다.

도시 CDM 타당성 조사와 연구 결과는 다음달 100여 개 도시와 20여 개 국제기구가 참여한 가운데 열리는 '2011 도시환경협약 광주정상회의'에서 논의된다. 이 회의에서 이뤄질 도시 CDM의 타당성에 대한 협의를 바탕으로 UNFCCC에 새로운 CDM 분야로 도시 CDM을 등록하기 위한 국제사회 행동계획도 마련할 것이다. 도시정상회의에서는 또한 G20 간 정상회의에 보내는 도시 CDM 메시지도 채택할 것이다.

도시 CDM은 녹색성장과 지속가능발전 그리고 기후변화 대응이라는 목표 달성에 소요되는 경제적 부담을 줄여줄 수 있다는 점에서 개발도상국 도시들에서 환영을 받고 있다. G20 간 정상회의에서 녹색성장을 주도해 온 한국 정부가 저탄소 녹색도시정책 일환으로 "도시 CDM 이니셔티브"를 제창하기를 기대해 본다. 온실가스 감축기술 개발과 함께 직접투자와 세금, 차관, 규정, 녹색협치와 같은 정책 혼합 CDM 등장에 포괄적으로 대비해야 할 때임을 잊지 말아야겠다.

매일경제, 2011년 9월 22일

녹색 금융 시장

- 녹색 채권(Green Bond)
- 녹색 카드(Green Cards)
  탄소 포인트 증액 및 녹색 카드 활용 기회의 확대
- 에너지 생산기금(Energy Production Funds)
- 배출량 거래제도(ETS)
  도시 탄소 배출 총량 제도 도입
- 탄소세
- 탄소국경세

4.8 탄소 중립 도시 산업 표준화 및 "원 스톱 토털 솔루션 (One-stop Total Solution)" 제공

이 기법은 아직 활성화되어있지 않으며 사례 개발을 통한 검증 및 국제 표준화 기구 (ISO) 등록을 위한 노력이 요구된다.

4.9 탄소 중립 도시 계획 도구

지금까지 서술한 기법의 활용은 아래와 같은 새로운 유형의 광범위한 도구들을 필요로 한다.

4.9.1 정책 도구

▶ 탄소 중립 도시에 대한 인식제고
▶ 기후 정의(climate justice) 및 기후 윤리(climate ethics)
▶ 탄소 중립 도시 계획 윤리 강령 제정
▶ 도시공간에 ICT를 배치하기 위한 통합적 스마트 기후정책, 법제도, 지침 및 탄소 중립 도시 지표 제정(표 4.3)

[표 4.3] 도시 정책과 메카니즘의 사례

도시 정책	메카니즘
1. 저탄소 고효율 도시의 건설	◦ 저탄소 이행 캠패인 전거 ◦ 에너지 효율성 향상 ◦ 신 재생에너지 생산
2. 녹색 거버넌스 도입	◦ 온실가스 감축 이행 ◦ 온실가스 감축 시민 교육
3. 도시 생태 복원	◦ 도시 생태계의 체계적 곤리 ◦ 녹지 공간의 확장
4. 물 친화적 도시 조성	◦ 우수 이용 촉진 ◦ 물순환 확장
5. 에너지 효율 도시 설계	◦ 지속가능 도시 설계 ◦ 저탄소 녹색 건축물의 확장
6. 폐기물 없는 순환 도시 건설	◦ 폐기물 발생 통제 ◦ 폐기물 재활용 확대 ◦ 폐기물의 자원화 ◦ 모델 순환 도시 건설
7. 녹색 산업 허브 도시	◦ 녹색 산업 축진 ◦ 생태 산업 단지 건설
8. 녹색 교통의 확장	◦ 녹색 교통 인프라의 확립 ◦ 자전거 이용의 확대 ◦ 대중 교통의 이용 촉진 ◦ 대중 교통의 합리화 ◦ 기후 친화적인 자동차의 공급
9. 탄소 중립 도시 조성	◦ 통합 플랫폼 모형의 개발 ◦ 신기술 도입에 의한 배출량 감축 ◦ 에너지 공급의 녹색화 ◦ 시민에 의한 수요 관리와 소비 축소 ◦ 탄소 상쇄 제도 활용

4.9.2 계획 도구

▶ 탄소 중립 도시계획의 주류화

▶ 탄소 중립 토지용도 지역지구제 도입(표 4.4)

▶ 국제 계획 규범, 표준 및 절차의 준수를 위한 국가 표준 개발(BS) 계획 절차 참고

▶ 역동적인 체계사고(dynamic system thinking)에 바탕을 둔 스마트 그리드(SG) 모형 및 스마트 그리드 소프트웨어 개발

▶ 도시 에너지 밀도도 작성, 에너지 모델링과 시나리오 평가

▶ 정보통신기술, 기후변화와 도시계획 도구를 통합하기 위한 패키지 프로그램의 개발:

연결성(nexus) 계획

- ▶ 오버레이 기법(ecological overlay, digital overlay, carbon overlay)
- ▶ 전략환경평가(SEA) 및 지속가능성평가(SA) 도입
- ▶ 도시기후계획가 인증제도 채택
- ▶ 도시계획 자료 수집 및 이용을 위한 클라우드 기술
- ▶ 탄소 중립 도시 연결성(connectivity) 표준 확산

[표 4.4] 탄소 중립 도시 용도 지구의 사례

기후변화 저감을 위한 스마트용도 지역 지구	기후변화 적응을 위한 스마트 용도 지역 지구
· 플로팅 존 · 집합 주택 구역제 · 계획 단위 개발 · 압축, 대중 교통 지향형 주거지역 개발과 복합 이용 개발 · 에너지 행동 지역 · 스마트 에너지 구역 · 태양광 사업 구역 · 지구 단위 기반형 에너지 분배 · 그리드 인프라의 현대화 구역 · 생태계 기반형 용도 구역	· 재해 위험성 구역 · 염분 영향 지역 · 홍수가 범람하기 쉬운 지역 · 통합 관리 해안 구역 · 지진 구역 · 쓰나미 지역 · 생태계 기반형 용도 구역

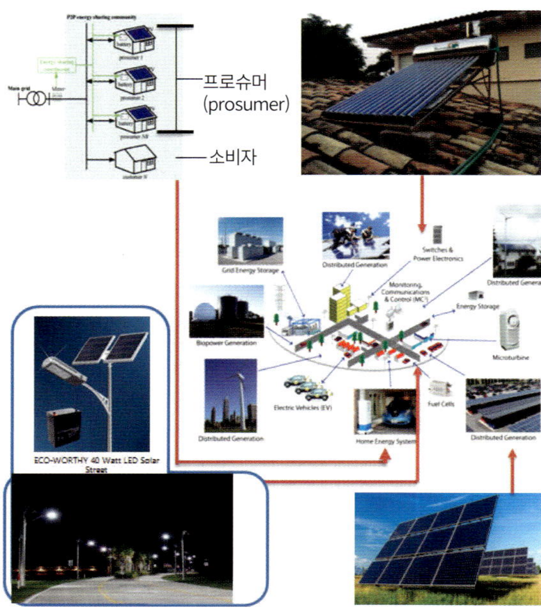

[그림 4.29] 커뮤니티 스마트 태양광 마이크로그리드 이미지

4.9.3 정보 도구

- ▶ Big Data(smart cloud 연결) 구축
- ▶ 정보기반형 탄소 중립 도시 계획
- ▶ 디지털 신경망 네트워크를 통한 정보의 교환
- ▶ Big Data 구축 및 클라우드에 연결, 저장(KT 등)
- ▶ 정책 관련 정보
- ▶ 주제별 학습 자료
- ▶ 일반인들에게 공개되는 기후변화 영향의 실시간 온라인 원격 모니터링
- ▶ 클라우드 기술과 함께 Big Data 허브 혹은 빅데이터 생활실험실(Big Data living laboratory)로 도시 개발
- ▶ AI에 의해서 지원되는 Big Data 분석 정보

4.9.4 생태적 도구

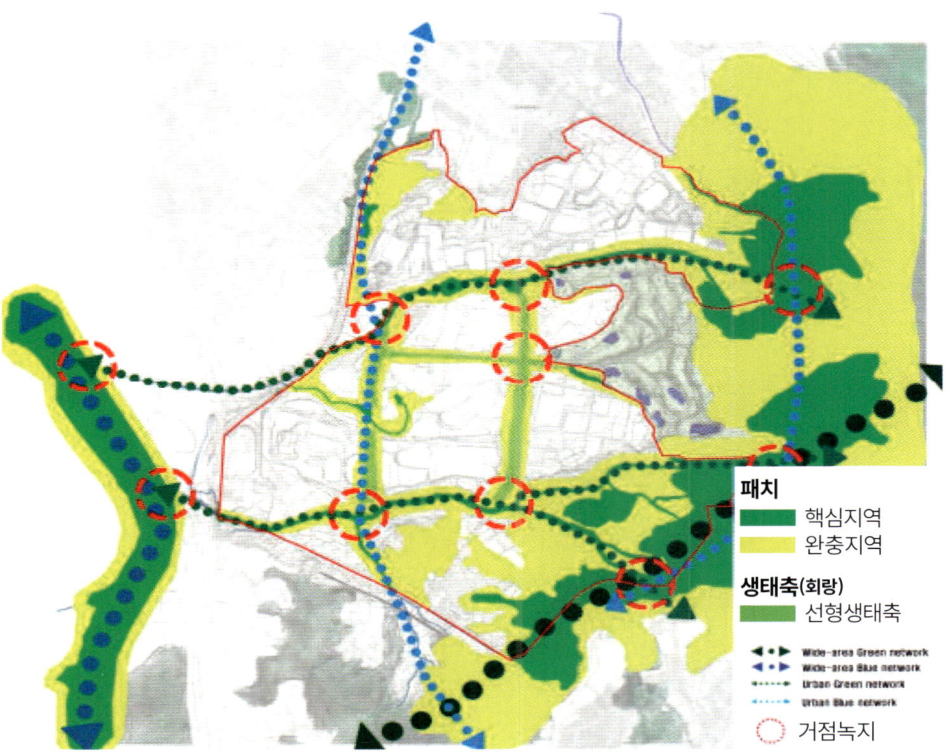

[그림 4.30] 한국의 위례신도시 생태축

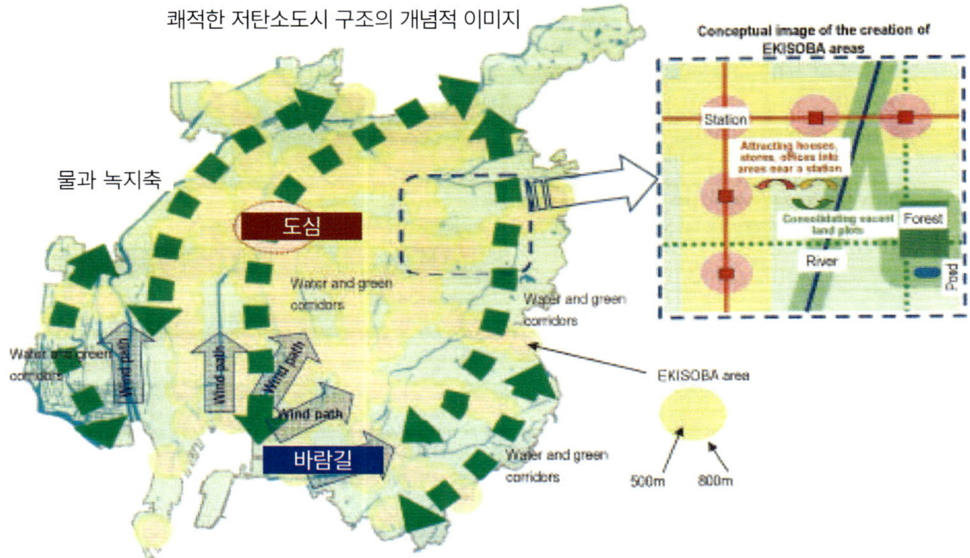

[그림 4.31] 일본의 나고야시 생태축

- ▶ 생태계에 바탕을 둔 기후변화 적응대책
- ▶ 기후 스마트형 도시생태복원
- ▶ 생태적 그리드(eco-grid)의 스마트 해결방안
- ▶ 생태적 적지분석 및 수용능력
- ▶ 생태적 발자국
- ▶ 기후변화와 관련된 위험성을 저감시키고, 생물다양성을 증진시킬 수 있는 녹색 기반시설 네트워크(그림 4.29과 그림 4.30)

4.9.5 기술적 도구

- ▶ 도시계획의 각 과정별 정보통신기술과 소프트웨어 기술(빅데이터 분석술, 클라우드 컴퓨팅기술 등)
- ▶ 기후변화에 대응하는 지속가능 혁신 기술
  - 온실가스 배출 감축 기술

[그림 4.32] 태양광 전기 자동차 충전소: 스웨덴 말뫼

- 기후변화영향 저감 기술

▶ 인프라 프레임워크를 위한 지속가능 혁신 기술

▶ 기후 스마트 그리드(SG) 기술(그림 4.32)

▶ 토지이용, 에너지, 건축물, 물, 폐기물, 녹지, 교통 등을 연결하는 연결성(nexus) 계획

▶ 건축물과 예술에 가상현실 기술 융합

4.9.6 탄소재정도구

▶ 새로운 탄소시장 메커니즘(New MMMs)

▶ 청정개발 메커니즘(Urban CDM)

▶ 도시청정개발 메커니즘(CDM)

▶ 기술적 추가성과 비기술적 추가성

▶ 탄소 배출권(CERs)

▶ 배출량 거래제도(ETS)

▶ 탄소은행제도(그림 4.33)

▶ 국가별 적정 감축 행동(NAMA)

▶ 탄소 채권(carbon bond)

▶ 탄소세 도입, 감면 및 지원

▶ 라이프 사이클 비용분석

▶ 인증제도

▶ 탄소국경세

[그림 4.33] 세계은행 회의에서 탄소 금융 시스템의 사례를 설명하는 김귀곤 교수
자료 출처: 세계 은행, 2014

4.9.7 기후 전자협치(eGovernance) 도구

▶ 중앙정부로부터 도시로의 지속 가능 발전 목표의 지방화

▶ 자료, 사람 그리고 지식의 연결을 통한 참여 과정 고취를 위한 플랫폼(그림 4.34)

▶ 주민들의 소속감있는 디지털 탄소 중립 도시 건설

▶ 도시, 지구와 근린주구의 참여형 지도 작성

▶ 공동체 계획(collective) planning 지역 공동체와 마을 공동체 형성

▶ 지역사회 설계(charrette) 개최

▶ UN과 다른 국제기구의 전문가 그룹에 의한 과학적 노력의 통합

▶ 스마트교육학회, 한국스마트생태도시네트워크, 컴퓨터엔지니어, 소프트웨어 엔지니어 등과의 공공-민간 부문 파트너십 구축

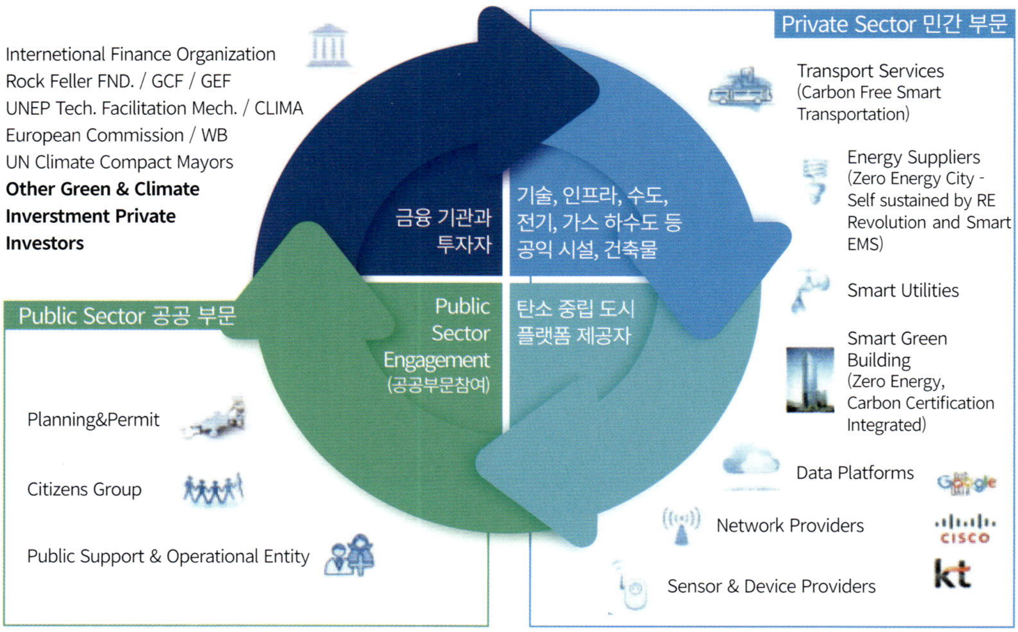

[그림 4.34] 탄소 중립 도시 플랫폼 파트너들의 통합

4.9.8 가치 사슬 분석(Value Chain Analysis)

▶ 스마트 그리드(SG) 인프라, 도시기반시설, 기후변화 저감 및 적응대책, 운영정보 통합 운영시스템으로 부가서비스제공 및 부가가치 창출(표 4.5)

▶ 책임있는 보다 스마트한 모형 개발

[표 4.5] ICT 솔루션에 의한 책임있고 보다 스마트한 투자 방식의 사례: 가치사슬분석

지식 기반 경제	- ICT 투자는 빅 데이터(big data)의 구축을 촉진시킴 - ICT 투자는 모든 시민의 혁신과 창의성을 양성하여 지식 기반 경제로 전환시킴 - ICT 투자는 시민과 기업을 연결시켜줌
지속가능성, 연결성과 순환성 개선	- ICT 투자는 포스트-2015 지속가능 발전 목표의 달성과 파리 기후변화 협약의 이행을 도와줌 - ICT 투자는 도시의 사물인터넷(IoT)과 만물인터넷(IoE)를 연결시켜줌
기후 경제	- ICT 투자는 기후변화 솔루션을 촉진시켜줌 - ICT 투자는 보다 많은 녹색 금융 비지니스의 유치를 가능하게 해줌 - ICT 투자는 도시를 탄소 중립 도시로 전환시켜줌
계획 혁신	- ICT 투자는 미래의 도전에 대비하기 위한 쌍 방향 계획 혁신 솔루션을 활성화시켜줌 - ICT 투자는 스마트 전력그리드, 스마트 전력 서비스, 스마트 장소, 스마트 교통, 재생에너지 등과 같은 스마트 그리드 실증 단지를 위한 기회 제공
비용 감소/효율성 개선	- ICT 투자는 온실가스 배출량과 취약성의 감소에 관련되며 산업 경쟁력을 향상시킴 - ICT 투자는 비용 효과적인 공공-민간 파트너십(P3s)을 촉진시킴
높은 시장 가치 추가	- ICT 투자는 재화와 서비스의 부가가치를 창출하며 민간 부문을 위한 저탄소 경제의 긍정적인 외부성을 발생시킴
도시 개발과 인프라 사업을 위한 통합 솔루션	- ICT 투자는 지속가능 도시 개발을 향한 에너지, 교통, 건축물, 식량, 물과 폐기물 연계(nexus)의 교차 편익(cross-benefits)의 촉진 - ICT 투자는 수요공급변화 관리를 위한 스마트 에너지와 물 배치를 확보해줌 - ICT 투자는 에너지 시스템과 통합 시스템의 표준화를 촉진시킴
기후 사업의 추가성	- ICT 투자는 탄소 계정과 탄소 가격 책정에 필요한 첨단 녹색 기술의 개발을 도와줌 - ICT 투자는 녹색 인프라와 건축물의 부동산 가치를 상승시킴 - ICT 투자는 도시 CDM 사업과 탄소 금융 시스템의 기술적 추가성을 증가시키며 그들의 비용을 보상해줌
일자리 창출	- ICT 투자는 공공 분야는 물론 민간 부문 기업의 일자리를 창출해줌
전 지구적 연구 개발	- ICT 투자는 탄소 중립 도시 소프트웨어와 하드웨어 기업에 관한 보다 많은 전 지구적 연구 개발을 촉진시켜줌
도시 서비스의 표준화와 최적화	- ICT 투자는 탄소 중립 도시 산업을 표준화시킴 - ICT 투자는 탄소 중립 도시 사업을 위한 동적 모델링을 최적화시켜줌 - ICT 투자는 도시에 적합한 "One-Stop Total Solution"의 제공을 통하여 "Total Optimization"을 제공해줌
법률 및 지침 제정	- ICT 투자는 탄소 중립 도시를 위한 법정 지침의 제정을 가능하게 해줌
디지털 경제	- ICT 투자는 사회적 재화(social goods)를 위한 인공지능의 활용으로 제4차 산업 혁명을 현실화 시켜줌 - ICT 투자는 핀테크 오픈 플랫폼(FinTech Open Platform)을 촉진시켜줌

제 5 장 분야별 사업 이행 계획

이 절에서는 “제 3 장”에서 다루었던 탄소 중립 계획의 이행 로드맵 작성을 위한 분야별 사업 계획의 접근 방법론을 서술한다.

5.1 탄소 흡수 기능 강화 정책 로드맵(roadmap)마련

1) 시민, 전문가, 학생, 지역사회, 언론 등 이해당사자가 참여하는 탄소 흡수 기능 강화 정책 및 시행 일정 마련
2) 탄소 중립 정책과 연계한 장기. 중기. 단기 사업 계획
3) 탄소 흡수 잠재량과 사회적, 환경적 그리고 경제적 공동 편익의 최적화
4) 다양한 시민 참여 활동 프로그램과 사업 개발
5) 스마트 탄소 중립 도시 자연 교육 정책
6) 분야간 협력(cross-sector collaboration) 계획: 탄소 중립성 융합의 공간 제공 및 ICT 디바이스 제공
7) 행정적, 법 제도적, 재정적 지원 계획

5.2 탄소 흡수 기능의 측정 및 계정화 계획

1) 자연 기반형 탄소 중립 선도사업 지역(test bed)의 선정

2) 문헌조사를 통한 탄소 흡수원별 흡수기능 확인
3) 지표의 선정
   - CO_2 흡수 면적의 %(식물의 종류별, 산림 유형별, 수목 유형별, 기후 수종별)
   - 공공 녹지의 량(나무 한 그루 당 주민의 수)
4) 베이스라인 시나리오(자연에 의한 현재의 탄소 격리량)
5) 사업시나리오(지역사회가 참여하는 나무 심기와 습지, 소생태계 등의 조성 사업으로 증가하는 탄소 격리량)
6) 추가성(additionality) 추정(베이스라인 시나리오와 사업 시나리오의 차이)
7) 지역사회가 참여하는 모니터링, 보고 및 검증(MRV) 문서 작성: 블록체인/분산원장기술과 같은 디지털 기술의 활용
8) 선도 사업 지역의 탄소 격리량을 전체(기술에 의한 감축량, 수요 관리에 의한 감축량, 신재생에너지를 이용하는 대체량 포함) 년간 온실가스 현황 및 온실가스 계정 시스템(annual GHG inventory and GHG accounting system)에 통합

5.3 탄소 흡수원 기능 강화 사업 계획

5.3.1 도시 그린 인프라 구축 사업

1) 도시 나무 심기 사업
2) 도시소생태계 조성 사업
3) 도시 유휴지를 활용한 도시 자연 공간 확대 사업
4) 저영향 개발(LID) 사업(빗물 재이용 등 물과 녹지의 순환체계 구축)

5.3.2 자연생태계 통합 복원 플랫폼 개발사업

1) 토양 복원 플랫폼
2) 도시 자연과 생물권 연결 복원 플랫폼
3) IoT 기반형 습지 연결성 확보 플랫폼 등

[기고]
환경 생태 복원 '뉴딜' 플랫폼을 개발하자!

2020년 12월 30일 라펜트 칼럼

김귀곤
서울대 명예교수

최근 우리는 전환사회를 맞이하고 있다. 전환사회는 자원현명 사회, 디지털 사회, 회복가능복원(Resilient Recovery) 사회, 녹색회복(Green Recovery) 사회, 비대면 사회 기후 대응 사회 등으로 특징 지워진다. 이에 부응하여 환경 복원과 관련 기술의 전환 의제(Transformative Agenda)를 발굴할 필요가 있다.

이 의제를 환경 복원 '뉴딜' 플랫폼에서 찾도록 해야겠다. 요즈음 각 분야에서 플랫폼이라는 용어를 많이 쓰고 있다. 우리 나라 그린 뉴딜 사업으로 추진되고 있는 빅 데이터 플랫폼과 제조 산업 공정의 자동화 플랫폼을 대표적으로 들 수 있다. 스마트 디지털 기술과 자연성 회복에 바탕을 둔 융합 환경 생태 플랫폼은 환경 복원 분야의 새로운 K-패러다임의 설정을 위한 학설의 정립 및 실무적인 영역 확대에 많은 도움을 줄 수 있을 것으로 믿는다.

디지털 시대의 플랫폼은 센서 응용, 통신 시스템(IoT, 5G), 통합 시스템(Big Data, Cloud Computing)과 지능적인 의사 결정(Deep learning, AI Programming and Algorithm)을 위한 준거 틀로 정의된다. 한편, 최근 국제 사회의 화두가 되고 있는 자연에 기반한 해결책(NBS)은, 국제자연보전연맹의 정의에 따르면, 자연 생태계 혹은 변형된 생태계를 지속 가능하게 보호하고 관리하며 복원하는 행동을 말한다. 환경 온전성의 담브를 통하여 사회적 도전(기후 변화, 식량과 물 안보 혹은 자연 재앙)의 해결에 기여하고 인류의 복지와 생물다양성의 증진에 기여하는 것을 목적으로 하여 각 분야에 접목시키고 있다. 정책적이든 학문적, 실무적 이

유든간에 그 동안 우리 분야는 이 같은 흐름을 장기적 안목을 가지고 제대로 평가해보지 못한 채 순간 순간의 일에 단편적으로 집착해오지 않았는지를 되돌아 보아야 할 시점이다. 그렇지 않으면 이 분야의 위상과 동력을 상실할 것이기 때문이다.

환경 복원 기술 분야의 발전에 도움이 될 수 있는 몇 가지 실천적인 새로운 환경 생태 복원 '뉴딜' 플랫폼 의제를 아래에 제안해 보고자 한다.

- 환경 복원 빅 데이터 플랫폼
- 기후 재앙과 복원 사업 플랫폼
- 탄소 중립을 위한 환경 복원 플랫폼
- 물-녹지-바람길 녹색 기반 시설 플랫폼
- 환경 생태 디지털 모니터링 플랫폼
- 스마트 그린 시티와 환경 복원 플랫폼
- 강 유역과 하천, 해안을 연결하는 복원 플랫폼
- 디지털 환경 복원 기술 플랫폼
- 환경 복원 공유 경제 플랫폼
- 토양 복원 플랫폼
- 환경 복원 전자 거버넌스 플랫폼
- 도시 자연과 생물권 복원 플랫폼
- 블록체인 기반형 환경 복원 플랫폼
- 환경 복원 산업 생태계 플랫폼
- 포스트 코로나 19 비대면 가상 복원 사업 플랫폼
- IoT 기반형 습지 연결성 확보 플랫폼
- 환경 복원 국제 협력 네트워크 플랫폼

이 같은 플랫폼은 디지털 기술을 새롭게 부각되는 환경 복원 분야에 융합시키고 통합된 연결 체계의 구축을 가능하게 함으로서

이 분야의 경쟁력을 강화시켜 줄 것으로 확신한다. 지속가능발전 목표(SDGs)의 큰 틀 속에서 환경 복원 분야가 자리 매김 하도록 해야겠다. 지난 12월 5일은 '세계 토양의 날'이었다. 지속가능발전 목표 15(Life on Earth)의 달성을 위한 날로서 주제는 '토양을 살리자. 토양 다양성을 보호하자!' 였다. 또한, 우리나라가 참여하고 있는 UN의 '2050 탄소 중립성' 목표 달성에도 환경 복원 분야가 일익을 담당하도록 하자. 이 같은 의제들을 우리 환경 복원 분야의 영역으로 확대, 발전시켜 나갈 필요가 있다.

영역 확대를 위해서는, UN의 권고에 따라, 관련 인접 분야와의 지속적인 대화와 조화로운 연합과 결속(Coalition/Solidarity)을 구축해야 한다. 유엔환경프로그램(UNEP)과 식량농업기구(FAO)가 공동으로 전개하고 있는 "유엔 생태계 복원 10년(United Nations Decade on Ecosystem Restoration(2021-2030))"에 적극적으로 참여해야겠다. 범 지구적인 이 운동의 목적은 생태계의 훼손을 방지하고 복원 함으로서 빈곤을 퇴치하고 기후 변화에 대응하며 생물 종의 소멸을 방지함에 있다.

환경 복원에 대한 과감한 인식 전환, 법, 제도와 정책적 뒷받침, 새로운 기법의 개발, 녹색 예산의 편성과 연구, 개발노력이 풀어야 할 큰 과제다. 환경 복원 '뉴딜'사업의 실현을 통해 미래 세대를 위한 새로운 산업 생태계를 조성하고 미래를 만드는 산업으로 크게 발돋움해 나아가기를 기대해 본다. 우리의 모든 역량을 집결하여 코르나 19의 위기를 새로운 정상(New Normal)과 발전의 기회로 전환시키기를 바란다.

5.3.3 전자 디지털 스마트 플랫폼 개발 사업

1) 3차원 지리정보 체계(3D GIS)를 이용한 탄소 흡수원 분포도 작성
2) 주민 참여형 도시 가로수 및 녹지 관리 디지털화
3) 분산원장 기술을 활용한 탄소 흡수 계정체계 마련
4) 탄소 상쇄 효과의 측정을 포함한 생태 모니터링 플랫폼 사업
5) 자연녹지 공급과 가치 체인 디지털 플랫폼 사업
6) 탄소 중립 도시 데이터 센터
7) 자연 기반형 탄소 중립 도시 메타버스(가상세계) 플랫폼 개발 사업:
   자치구에 지리 공간 기술 허브(geospatial hub) 제공
8) 인공지능 융합 시범 탄소 중립 지구 지정

5.3.4 중앙정부, 지방정부, 지역주민, 기업간의 파트너십(협업)사업

1) 국가 계획과 지방 이행 계획과의 연계
   - 탄소 중립 부처 신설
   - 탄소 중립 도시 계획의 법정 계획화
   - 지방 의제 활동의 일환으로 탄소 중립성 의제를 다루는 기후 활동 의제수립
   - "선 탄소 중립 계획, 후 개발 계획" 수립의 원칙 도입
   - 도시 계획 전략 환경 평가 과정의 일환으로 탄소 중립성 평가 제도 도입
2) 스마트 시민 파트너십
3) 재정 및 기술 지원 파트너십
4) 미국 수목 회복 7정책 프로포셜(7 Policy Proposals to Restore US Trees), (WRI DIGEST, 2021)
   최근 많은 나라에서 2050년 탄소 중립 목표를 달성하기 위하여 여러 정책 제안들이 나오고 있다. 미국에서는, 최근 수목 복원을 위한 7개의 정책이 제안되었다. 세계 자원 연구소 전문가들이 분석한 현재 계류중인 미국의 법령 사례로서 "1조 수목법(The Trillion Trees Act)"을 들 수 있다.
   이 법은 2021년 4월 하원에 재 상정된 법안이며 새로운 몇 가지 조항은 상원의 "1조 수목과 자연 탄소 저장법: The Trillion Trees and Natural Carbon Storage

Act"을 반영하고 있다. 이 법안에서는 미국 산림에서 탄소 제거 목표치를 설정하기 위한 대책, 수목 묘포장에의 투자와 원격 탐사 자료를 이용한 산림 현황 조사가 포함되어 있다.

5) 탄소 중립 도시 담당 기구 신설

Box 5.1

탄소 중립, 녹색 성장 기본 계획(안) 의 통합 플랫폼 제안

1. 국가 자발적 감축 계획(NDC), 저 배출 개발 전략(LEDS), 및 지방 자치 단체 자발적 감축 계획 (LDC)과의 통합
2. 탄소 중립, 녹색 성장 기본 계획과 관련 계획과의 스트리밍 플랫폼(streaming platform) 개발
   - 기후 친화적인 국토 및 도시 공간 개발과의 연계
     "국토 개발을 위한 비전으로서 기후 친화적인 국토 공간 개발과 성장 전략을 수립하도록 하고 모든 지방자치단체는 이 전략을 준수하도록 함"
   - 분산형 에너지 공급을 위한 공간 계획
3. 탄소 중립, 녹색 성장 기본 계획의 체계화
   - 국제적 계획, 국가적 계획, 광역시, 도, 시, 군, 구 계획의 일관성 유지
   - 국제적 추세를 반영, 탄소 중립 도시 계획(2050)의 법정 계획화
4. 디지털 스마트 기술의 활용
   - 전통적인 에너지와 자원 배분 네트워크를 스마트 그리드로 전환, 첨단 디지털 솔루션으로 대체
   - 보다 회복 탄력적이고 시민이 참여하는 지속 가능한 스마트 인프라 구축
   - 빅데이터에 바탕을 둔 서비스와 새로운 플랫폼 비지니스 모델 개발
   - 블록체인/분산 원장 기술 기반형 온실 가스 계정 체계 도입(UNFCCC)
5. 이해당사자들과의 통합
   - 비지니스, 정부, 비정부기관, 시민 등이 참여하는 'A net-zero future' 공동체 형성
   - 탄소 흡수원(-)의 복원 캠페인 전개
6. 탄소 순 제로(0) 통합 영향 평가 제도의 도입:
   - 분야별 접근에서 탈피하여 분야간의 연결성을 고려하는 통합 평가 제도의 도입

- 2단계 접근
  - 전략 탄소 중립성 평가(사전 중립성 평가)
  - 단위(개별) 사업 탄소 중립성 평가

7. 포용 사회 전환으로의 탄소 중립, 녹색 성장 전환
   - 기후 윤리, 기후 정의의 실체적 구현
   - 지방 의제 활동의 일환으로 탄소 중립, 녹색 성장 의제를 다루는 기후 활동 의제 통합
   - 독일 에너지 방향 전환법(2016) 벤치 마킹

5.3.5 재정 분석 사업: 시장메카니즘에 기반을 둔 정책 도구

1) 탄소 흡수원의 기회비용 추정
2) 생태계 서비스 지불(payment for ecosystem services)
   생태계 서비스 생산자와 소비자 간의 거래를 통한 자연 자산의 보호와 증진
3) 탄소 격리를 위한 탄소 상쇄 크레디트(carbon offset credits for carbon sequestration)
4) 기후변화 저감과 적응 대책의 공동 편익

5.3.6 우리의 도시를 탄소 중립 도시로 변형시키기 위한 전 지구적 노력으로 기후변화협약 지방 자발적 감축계획 프로토콜(UNFCCC LDCs Protocol) 추진

1) 탄소 중립 도시 프로토콜 지침(CNC Protoclol Guidance) 제정
2) 업무의 범위
   - 기존의 기후행동 문서, 도시 계획과 토지 이용, 공간 계획, 건축물, 에너지, 교통, 녹지, 물과 폐기물 시스템의 실증 자료 검토
   - 도시 당국, 커뮤니티 이해 당사자, 기술 실무 그룹을 포함하는 평가 팀의 구성 (영국의 "국가 자연 자본 위원회"와 런던의 "그린 인프라 실무 작업단" 운영 참조)
   - 온실가스 배출 감축 경로의 모형화 도구를 포함하는 기술 평가 수행
   - 정책 로드맵과 우선 순위가 높은 단기 행동의 목록 권고

- 2050년까지 탄소 중립성을 달성하기위한 최적 시나리오를 서술하는 요약 문건 작성 그리고 방법론과 방법론에 사용된 가정의 문서화
- 완성된 작업을 요약하는 최종 보고서 발간

5.4 탄소 흡수원 기능 강화 선도 사업 계획 및 시행

▶ 사업 유형의 결정

Box 5.2

사업유형[예시]

- 도시 유휴지를 활용한 도시 공원, 녹지, 수 공간 등의 확대 사업
- 도시 나무 심기 및 흡수율이 높은 수종으로의 갱신 사업
- 도시 탄소 정원과 탄소 숲 조성 사업
- 도시 농업 사업
- 도시소생태계 조성 사업
- 토양, 물, 초지, 습지를 포함한 자연 생태계 복원 사업

▶ 유형별 사업 지역의 선정: 탄소 흡수원의 기회비용 추정

▶ 지표의 선정(식물의 종류별, 산림 유형별, 수목 유형별, 갯벌 유형별)

▶ 탄소 흡수 기능의 측정 및 계정화: 탄소 대차대조표 작성

▶ 탄소 거래: 탄소 격리를 통해 확보하는 탄소 상쇄 크레디트 및 생태계 서비스 지불

▶ 모범 사례를 확산, 정착시키기 위한 지방자치 단체와의 자발적 협약 체결

[기고]
산림청의 벌목 사업은 재고되어야 한다

2021년 6월 8일 라펜트 칼럼

김귀곤
서울대 명예교수
국제기후사슬협의체(CCC) 스마트탄소 중립 도시위원장

산림청의 대규모 벌목을 둘러싼 사회적 논쟁이 꼬리를 물고 있다. 과학적 검증이 미비한 상태에서 부문별한 벌목으로 산림 파괴 논란이 일자 원점 재검토를 추진하고 있는 것으로 전해지고 있다.

2050년까지 탄소 중립의 달성을 목표로 우리나라 정부가 유엔기후변화사무국에 제출한 장기 비전과 국가 전략에서부터 그 원인을 찾을 수 있다. 이 전략에서는 자연·생태자원을 활용한 탄소흡수 능력 제고 전략으로 수종갱신 등을 통한 영급구조(산림연령의 하향) 개선과 목재제품 활용을 통한 탄소 저장 확대가 포함되어 있다.

지속가능한 녹색사회 실현을 위한 대한민국 2050 탄소 중립 전략에 대한 범부처간 그리고 민·관의 충분한 협의가 있었는지 궁금하다. 이제야 '산림청 탄소 흡수 전략 마련을 위한 민관협의체'를 구성할 예정이라고 한다. 환경부가 산림청 계획을 시작 단계에서부터 다시 검토하겠다는 의지를 보이고 있다.

파리기후변화협정의 전문에서는 생태계의 온전성(Environmental Integrity)을 강조하고 있으며 이 협정의 5조, 7조, 그리고 8조에서는 탄소흡수와 저장(탄소격리)과 지역사회, 생활거주성과 생태계의 연결성을 강조하고 있다. 기후 자산으로서의 자연과 생태계의 가치와 중요성을 담고 있다.

자연 기반형 해결책(NBS)이 유엔기후변화

협약을 비롯한 국제사회의 주요 과제가 되고 있다. 필자가 초청을 받아 참석한 25차 기후변화당사국회의의 부대 행사에서는 자연 기반형 기후 대응 전략과 행동에 관한 논의가 주류를 이루었다. 국제자연보전연맹에서는 자연생태계를 지속가능하게 보호하고 관리하며 이미 변형된 생태계를 자연에 바탕을 두어 복원할 것을 권장하고 있다.

이 같은 새로운 기후정책과 전략, 그리고 행동 이니셔티브를 요구받고 있는 가운데, 탄소 중립의 국제적 흐름과 맞지 않는 논쟁이 국내에서 벌어지고 있어 안타깝다. 국제적 권장이나 기준과는 거리가 멀며 지속가능하지 않는 반 생태적인 산림 경영 방식이 채택되고 있기 때문이다.

뒤늦게나마 기후변화 대응 부처로서 환경부의 역할이 필요하다. 이미 국제사회에 전달된 문서이지만 탄소 흡수원과 관련된 우리나라 탄소 중립 전략부터 재검토를 추진해야겠다. 2050 탄소 중립 추진의 이행을 맡고 있는 국무조정실 주관 범부처 T/F도 나서야 한다.

기후변화 대응을 위한 통합 이행 플랫폼도 마련해야 한다. 2050년까지 탄소 중립 달성을 위해서는 이행의 투명성의 확보를 위해 국제적으로 표준화되고 있는 블록체인/분산원장기술을 활용하여 단계별로 어떤 경로를 거쳐 얼마나 흡수시킬 것인 지에 대한 전략계획이 표속가능 발전 목표의 큰 틀 속에서 다시 짜져야 한다.

탄소 중립의 달성은 새로운 기술의 도입, 탄소 흡수원의 확보, 탄소 상쇄, 탄소의 포집과 이용, 에너지 공급의 녹색화, 시민 참여와 같은 정책 수단의 이용과 탄소계정의 최적화를 통해서 가능함으로 산림 수종갱신 사업은 과학에 바탕을 두고 사회적 합의를 거쳐 통합적으로 검토되어야 한다.

탄소 흡수원의 확보는 기존 산림의 벌채보다는 국토와 도시의 빈 땅이나 버려진 땅, 도시재생과 유휴지에 나무를 심고 탄소정원, 탄소공원, 탄소숲을 조성하는 '스마트 탄소중립 도시' 운동의 전개에 우선순위를 두어 순 탄소 네거티브 효과를 높이도록 해야겠다.

5.5 스마트 탄소 중립 자연 교육 계획: 인적 인프라 (human infrastructure)의 강화 사업

▶ 기후 야심(climate ambitions)과 순 제로 전환을 위한 효과적인 리더쉽 양성

▶ 시민 주도형 기후행동 고취

▶ 환경윤리 및 기후윤리 인식 증진

▶ 선도 사업 지역을 대상으로 하는 현장 교육

▶ SNS를 이용하는 온라인 교육(온라인 학습 플랫폼)

▶ 공공기관에서 운영하고 있는 환경교육 관련 온라인 플랫폼에 포팅·운영할 수 있도록 제휴

- 환경교육포털(www.keep.go.kr): 국가환경교육센터에서 환경교육 중심으로 운영하고 있으며, 탄소 중립 등 환경교육을 제공함
- 국립환경인재개발원(ehrd.me.go.kr): 국립환경인재개발원은 공무원을 대상으로 환경 분야 전문교육과 공직가치 교육을 실시함
- 사이버환경정책교육원(cyberedu.kei.re.kr): 1999년 환경부 산하 사이버환경교육원(KEI운영)으로 시작하여 환경정책을 소개하는 단순한 강의를 넘어 수요자별로 특화된 맞춤형교육을 제공함
- 사이버환경실무교육(konetic.ecoedu.go.kr/): 한국환경산업기술원이 운영하며, 환경실무 지식인 양성을 위한 교육을 제공함

▶ "지역 주도형 탄소 중립 도시 조성을 위한 탄소흡수원의 확보 방안" 편람 작성, 보급

5.6 탄소 중립 도시 조성 추진 체계

위의 분야별 사업 이행 계획을 종합적으로 실현하기 위한 추진 체계도는 아래 그림과 같다.

단계	과정	환경부, 관련 부처, 지자체 지원 사항
1단계 준비	조성 기반 형성	◦ 국가 탄소 중립 정책 방향 및 목표 설정 ◦ 도시 탄소 중립 정책 방향 및 목표 설정 ◦ 지원 법, 제도, 정책 수단 마련

단계	과정	환경부, 관련 부처, 지자체 지원 사항
2단계 계획 수립	◦ 선도 도시 선정, 검증 ◦ 전국 도시로 보급 ◦ 지역 지구단위 탄소 중립계획 수립	◦ 탄소 중립 도시 계획 모형의 표준화 및 지침 제정 ◦ 탄소 중립 ICT 교육 훈련 및 컨설팅 ◦ 관련 기관 협력 및 정책 공유 ◦ 계획 수립, 평가와 모니터링
3단계 사업 집행	◦ 사업 시행 ◦ 모니터링 및 자료수집 ◦ 사후 평가	◦ 사업 시행 수단 ◦ 탄소 중립성 이익 등 성과지표 개발 ◦ 지자치 이행 모니터링 ◦ Big Data 구축
4단계 글로벌 시장 구축	◦ MoU체결(ODA) ◦ 기술 협력	◦ 글로벌 개도국 협력 전략 ◦ 정부 지원(ODA 등) ◦ 자문 ◦ 능력 배양

제 6 장 순 제로 미래(net zero future)의 비전과 전망

6.1 순 제로 미래의 비전

지금은 인류와 지구를 위해 과감한 탄소 중립 도시 행동을 취해야 할 시점이다. 도시는 탄소 중립성의 야심찬 목표를 가지고 화석 연료 없는 사회를 향하여 노력하는 챔피언이 되어야 한다.

도시는 자구 표면의 약 2% 정도만을 차지하고 있지만 탄소 배출량의 70%와 전체 에너지 소비량의 약 2/3를 차지하고 있다. 도시는 거주민들이 내가 사는 동네라는 소속감을 가지는 장소이기도 하다. 다시 말해서 지속 가능한 기후 스마트 현명 도시의 개발은 도시가 취하는 행동에 크게 의존된다. 도시는 지방의 인프라 개발과 건강하고 자속 가능한 생활 양식을 가능하게 해준다.

도시는 하나의 유기적인 생태계로 보고 접근할 필요가 있다. 파리 기후행동 계획(2050)이 대표적 사례이다. 문헌 조사의 결과 종합적으로 정의된 탄소 중립 도시 패러다임의 진화 경로는 아직 존재하지 않는다. 전반적으로 볼 때, 이 책을 통해 서술된 "탄소 중립 도시 계획(2050)"은 통합적인 관점에서 미래 도시를 위한 탄소 중립 도시 계획과 개발을 촉진 시킬 수 있을 것으로 기대된다. 내일의 도시를 다시 쓰는 비전이 되기를 기대하 본다.

6.2 순 제로 미래의 전망

이 책에서 새롭게 제안된 탄소 중립 도시 계획과 온실가스 계정 기법의 역할은 "지방의 자발적 온실가스 감축 계획: LDCs(Locally Determined Contributions)"의 탄생에 중요한 영향을 미칠 수 있을 것으로 전망된다.

정부는 물론 도시와 같은 비정부 단체의 탄소 중립성 운동에의 적극적인 참여는 전 세계에 평화, 번영과 행복을 가져다 줄 것이다. 정책, 전략, 거버넌스, 금융과 혁신 분야에서의 행위 주체를 도시 순 제로 전환 운동과 연결시킴으로서 "더 낫게 다시 만들기 운동(build back better movement)"을 돕고, 녹색 일자리를 지원하며, 순 제로 도시로 가는 우리의 길을 가속화할 수 있을 것이다.

이 책이 분석한 몇 가지 탄소 중립 도시 계획은 지속가능한 평화는 기후에 민감한 렌즈(climate-sensitive lens)를 필요로 하며 지속가능한 기후 대응은 분쟁에 민감한 렌즈(conflict-sensitive lens)를 필요로함을 보여주고 있다

6.2.1 탄소 중립의 미래를 준비하기 위한 몇 가지 과제

이 책에서는 자연이 도시의 탄소 중립성과 어떻게 연계되었는지를 논의했다. 다각적인 측면에서 미래의 도시 인프라와의 연계를 위한 주요 과제는 다음과 같다.

- ▶ 데이터 기반의 세계(data-driven world)에서 도시 기후계획가들의 미래의 역할
- ▶ 가상 도시 공간(virtual urban space 혹은 metaverse)와 물적 공간의 통합
- ▶ 사업의 모니터링, 주기적 평가와 보완: 탄소 중립성 표준 평가 기준 및 평가 체계의 도입
- ▶ 도시 탄소흡수원 기능 강화 전략 계획(2050)의 제도적 도입: 지방정부(시, 도)의 역할 제고 방안 및 전망
- ▶ 탄소 중립 도시 개발 탄소 기금 조성
- ▶ UNFCCC COP 28의 한국 유치를 위한 새로운 야심적인 기후 정책과 녹색 이니셔티브 제안
  - NDCs를 뒷받침하기 위한 지방 자발적 온실가스 감축 계획(LDCs: Locally Determined Contributions) 제안
  - 파리기후협약에 의한 새로운 탄소 시장 메카니즘으로서 도시 청정개발체재(Urban CDM) 제안: 리우회의에서 대한민국 대통령이 연설을 통해 언급한 바 있음

6.2.2 탄소 중립 도시 계획 작성을 위한 실제적 고려 사항

기후변화가 가속화됨에 따라 앞으로 많은 도시에서 자연에 바탕을 둔 탄소 중립 도시 계획을 작성할 것으로 전망된다. 이 계획의 작성을 위한 실제적 고려 사항을 제안해 본다.

- ▶ 제안된 기후행동과 이 기후행동이 기후에 미치는 잠재 영향을 비전문가들이 쉽게 이해할 수 있도록 가상의 모든 디지털 재료의 이용
- ▶ 정보 출처, 빅 데이터와 인공지능을 이용한 과학적 접근 방법에 관한 적절한 문서화
- ▶ 계획 문서의 장, 절사이의 일관성 유지
- ▶ 전문가적 의견 혹은 과학적 정보의 상충을 피하기 위한 다학제적 팀의 참여
- ▶ 데이터 구입 가능성의 범위 내에서 가능한 구체적인 정보와 데이터의 이용
- ▶ 블록체인/분산 원장 기술을 활용한 투명성의 확보

6.2.3 스마트 탄소 중립 도시 네트워크 이니셔티브 제안

배경

도시 차원에서 탄소 배출량의 감축은 향후 10년의 기후행동을 위한 가장 큰 기회의 하나를 제공한다. 현재의 탄소 중립 도시 계획(2030, 2050)의 표본 사례 분석 결과, 갱신 혹은 보완이 필요한 것으로 밝혀졌다. 더욱이, 도시 온실가스 계정에 분산원장 기술을 활용하는 새로운 기법은 아직 실용화 되어 있지 않다.

목적

- ▶ 기존의 탄소 중립 도시 계획의 갱신 혹은 보완과 새로운 계획의 작성 지원
- ▶ 스마트 탄소 중립 도시 계획 작성 및 개발을 위한 블록체인/분산 원장 기술의 보급

기대되는 활동

- ▶ 탄소 중립 도시 계획(2050)의 원칙 및 가치 공유
- ▶ 능력 배양, 네트워킹, 연구와 개발 거버넌스, 실증과 선도 사업을 위한 활동 안내
- ▶ 실제 지역사회와 도시 환경에서 디지털 솔루션 모듈의 긍정적 영향의 실증(개발, 배치,

실험 등)

▶ 녹색 금융의 동원

▶ 유엔기후변화 협약 28차 당사국회의(UNFCCC COP 28)에서 지방 온실가스 자발적 감축(LDCs)을 스마트 탄소 중립 도시 프로토콜로 채택 할 수 있도록 권장하는 캠페인을 다른 국제적 이니셔티브와 함께 전개

Box 6.1
UNFCCC COP 26 "유엔 도시 혁신 정상 회의" 파빌리온 운영

1. 각 대륙을 대표하는 하나의 도시를 참피온 도시로 초청. 그 후 점차적으로 확대해 나아감
2. 초청 대상 도시는 다음과 같은 사항에 대한 발표:
   ◦ 지금까지 수행해온 모범적인 성과
   ◦ 해당 도시의 야심찬 약속
   ◦ 야심찬 약속, 실현 가능성과 추가로 필요한 기후 솔루션간의 갭 분석
3. 관련 문서를 수집하고 새로운 기후 솔루션을 모색하기 위한 UNFCCC 설문지 배포
4. 각 도시를 돕기 위한 "새로운 도전에 대한 기후 솔루션 제공자" 초청
5. UNFCCC 실무단(working group) 구성, 운영

6.2.4 "UNFCCC 전 지구 혁신 허브"와 "도시를 위한 확대 기후 혁신 의제"에의 적극적인 참여

UNFCCC가 최근 추진하고 있는 "UNFCCC Global Innovation Hub(UGIH)"와 "An Expanded Climate Innovation Agenda for Cities"는 분산원장 기술 등 4차 산업 혁명 기술을 도시로 하여금 다양한 기후 솔루션에 활용하도록 돕는 목적을 가지고 있다. 이 이니셔티브는 금년 11월 영국 글라스고에서 개최되는 26차 기후변화당사국회의에서 "미래 도시 혁신 정상 회의(Future City Innovation Summit)"라는 주제로 논의될 계획으로 전해지고 있다.

우리나라의 스마트 디지털 뉴딜 사업과 4차 산업혁명 기술의 비즈니스 플랫폼의 성과를 토대로 탄소 중립 도시 혁신 기술 인큐베이터와 스타트업 그리고 다른 관련된 도구를 통하여 기후 솔루션을 전 세계의 도시에 보급할 수 있는 계기가 될 수 있을 것이다. 새로운 ICT 기반형 전 지구적 기후행동에 적극적으로 참여하여 선도적인 기후솔루션 제공자가 될 수 있기를 기대해 본다.

[기고]
유엔기후변화협약 당사국총회(COP28) 유치를 위해 우리가 해야 할 일

2021년 4월 5일 라펜트 칼럼

김귀곤
서울대 명예교수

유엔기후변화협약당사국총회(COP)는 전 세계 197개 국가가 가입한 유엔기후변화협약의 구체적인 이행방안을 논의하기 위해 해마다 열리는 국제회의다. 2만 5000여 명이 찾는 대규모 국제회의다. 우리나라 기획재정부는 사전 검토 끝에 지난 7월 당사국 총회 유치를 추진한다고 공식적으로 밝힌 것으로 전해지고 있다.

환경부는 금년 11월 영국에서 개최되는 COP26에서 국내 유치가 확정될 경우 공모를 통해 2022년까지 개최 도시를 선정한다는 계획이다. 이에 따라 많은 지방자치단체들이 경쟁적으로 이 총회의 유치를 위해 나서고 있다.

필자는 C40 서울총회 조직위원회 위원 겸 기획위원장, 도시환경협약 광주총회 사무총장, 평창동계올림픽 조직위원회 위원 겸 환경전문위원장, 생물다양성 세계총회 강원도 자문위원회 위원장으로서 많은 것을 배우고 경험했다. 우리나라는 대규모 국제행사를 치를 수 있는 인프라는 어느 정도 갖추고 있으나 행사와 관련된 창의적인 새로운 국제적 이니셔티브의 제창이나 전문적인 운영소프트웨어 프로그램 개발 능력은 많이 뒤쳐져 있는 것이 현실이다.

최근 유엔기후변화협약 사무총장 패트리시아 에피노사는 작년 말에 각 회원국으로부터 제출받은 "2030 국가온실가스감축목표(NDC)"에 대해서 실망감을 표시했다. 2050년까지 지구의 이산화탄소 순배출량을 제로(0)

로 만들기 위한 탄소 중립을 달성해야 한다는 국제사회 공동 목표 달성과는 거리가 있다는 지적이다. 파리기후협약 목표의 달성을 위해서는 새로운 돌파구로서 지방자치단체들의 역할이 필요해 보이는 대목이다. 바이든 정부에서 중점적으로 내세우고 있는 기후변화 대응을 위한 에너지와 환경정책은 도시의 구조와 기능 개편, 관련 기술 및 탄소흡수원의 활용, 디지털 기술 플랫폼의 통합과 시민참여 등에 큰 영향을 줄 것으로 예상된다.

유엔기후변화협약당사국총회는 파리 협약을 포함한 기후변화협약의 이행방안을 협상하는 정부간 최고 의사결정 회의다. 우리나라 중앙정부가 협상주체(state actor)로서 참여하게 된다. 실제 총회의 개최 장소가 되는 지방자차단체는 중앙정부의 하위조직(sub-nation)으로서 비국가활동단체 (non-state actor)로 유엔에 의해서 분류된다. 따라서 지방자치단체는 정부간 협상에의 참여가 어렵기 때문에 지방자치단체차원에서 유엔기후변화협약 사무국과의 협의를 거쳐 사전에 "도시 탄소 중립 2050"의 구현을 위한 지방 어젠다(의제)를 발굴할 필요가 있다.

이 목적의 달성을 위해 COP28에 상정될 수 있는 기후지방의제 혹은 도시 탄소 중립전략 의제의 개발 의지와 추진 능력을 유치 장소 선정기준에 포함시켜 평가해야 한다. 총회의 유치를 원하는 개최 도시 평가 및 선정에 도움이 될 몇 가지 제안을 하고자 한다.

첫째, 탄소 중립전략에 관심 있는 전 세계의 도시들을 초청하여 "탄소 중립 도시 2050 선언문"을 채택하도록 하자. COP28의 화두는 지속 가능한 탈 탄소사회가 될 것임으로 NDC와 "2050 장기저탄소발전전략"을 도시 차원에서 실현하는 계기를 만들 의지와 구체적인 실행 계획(UNFCCC를 비롯한 국제기구의 기준을 반영한 탄소 중립 도시계획 등)을 받아서 평가해야 한다. NDC를 롤 모델로 유엔기후협약 사무국이 지원하는 탄소 중립 도시세계 총회에서 탄소 중립 도시 프로토콜(의정서)이 채택되는 유산을 남길 수 있을 것이다. 구체적인 사례로 교토의정서를 꼽을 수 있다.

둘째, 탄소 중립 시범 사업(기후친화적인 토지이용과 교통, 태양광, 풍력, 연료전지 등 신재생에너지, 그린 인프라, 탄소흡수원으로서의 갯벌과 산림, 첨단 디지털 기술(디지털 쌍둥이 등), 기후정보센터 등) 현장을 보여줄 수 있는 녹색투어프로그램의 개발 가능성을 평가하자.

셋째, 온실가스 배출량과 감축량의 투명성 확보와 이중 계산 방지를 위한 블록체인/분산원장기술 플랫폼과 연계된 혁신적인 전략과 소비기반형 온실가스 계정체계 작성에 참여하는 지역사회와 이해당사자의 숫자도 평가지표에 포함되어야 한다.

기후변화는 인류와 다른 살아 있는 생명체 생존의 문제다. COP28의 우리나라 유치 성공을 기원한다. 이 회의의 유치를 계기로 우리나라가 유엔기후변화사무국에 작년 말에 제출한 국가온실가스감축목표 및 장기저탄소발전전략이 실현되기를 기대해 본다. 기후변화 대응은 기후행동, 그린뉴딜정책과 코로나 방역대책 및 새로운 정상으로의 통합적인 플랫폼 접근을 필요로 한다. COP28의 유치 노력이 진짜 “2050 탄소 중립사회”의 구현을 위한 것인지 보여주기 위한 또 하나의 국제 행사를 치르기 위한 것인지 중앙정부와 지방자치단체간의 협력과 통합 플랫폼 모형을 지켜봐야 하는 까닭이다.

국외 참고 문헌

1. Amsterdam, New Amsterdam Climate: Roadmap, Amsterdam Climate Neutral 2050

2. Berlin, Climate-Neutral Berlin 2050: Results of a Feasibility Study,

3. Bjorn Frostell, KTH Royal Institute of Technology, Sweden, 2016: Linnaeus Eco-Tech 2016 Kolmer, Sweden, November 21-23 2016

4. Broekhoff D, et al.(2019) Securing Climate Benefits: A Guide to Using Carbon Offsets, GHG Management Institute, Stockholm Environment Institute, p 9, p 15, p 20

5. City of Cape town (2020) The City of Cape Town' Carbon Neutral 2050 Commitment, p 28

6. City of Cape Town, the City of Cape Town's Carbon Neutral 2050 Commitment, Africa: From global cities to local innovation, July 2020

7. C40 Cities Climate Leadership Group, New York City (2019) Defining Carbon Neutrality for Cities and Managing Residual Emissions: Cities' Perspective and Guidance, p 55

8. City of Melbourne (2009) Zero Net Emissions by 2020: Update 2008, p 28, p 29, p 36

9. City of Paris, Green Parks and Environment, Urban Ecology Agency, Paris Climaate Action Plan: Towards a carbon neutrl city and 100% renewable energies, 2018

10. Global Protocol for Community-Scale Greenhouse Gas Emission Inventories, ghgprotocol.org/greenhouse-gas-protocol-accounting-reporting-standard-cities

11. Hamburg, First Revision of the Hamburg Climate Action, 2017

12. https://www.pv-magazine.com/2018/11/12/singapore-launches-blockchain-based-renewable-energy-marketplace/=

13. Hyung Gun Wang & Kwi-Gon Kim, Urban CDM, Proposal for a New Approach for Citywide Green City Planning, paper presented at the 6th Urban Research and Knowledge Symposium, Barcelona, 8 October 2012

14. Kim, Kwi-Gon, Low-Carbon Smart Cities: Tools for Climate Resilience Planning, Springer, Heidelberg, Germany, 2018

15. Kim, Kwi-Gon and Thioye, M. (editors), Planning Climate Smart and Wise Cities, Springer, Heidelberg, Germany, 2021(forthcoming)

16. Kim, Kwi-Gon, Energy Flow and Conservation in Urban Systems: The case of Gwachon new town, Republic of Korea, UNESCO, Paris, France, 1986, p 123

17. Kwi-Gon Kim, Development of an integrated smart water grid model as a portfolio of climate smart cities. Journal of Smart Cities, Vol.3(1): p 23-33.
http://doi.org/10.26789/JSC.2017.01.003.

18. Kim KG(2018) Blockchain-based Climate and Urban CDM Initiative, Goyang/CCC/UNFCCC, presented at the side event, UNFCCC COP24, Katovice, Poland, December 10th, 2018

19. Kwi-Gon Kim, Urban CDM in the context of Low-Carbon Green City Planning, paper presented at the UNFCCC meeting, Bonn, 23, 2013

20. Kwi-Gon Kim- Challenges and Opportunities, Paper presented at ICLEI GHT presentation, RIO+20, Rio de Janeiro, June, 2012

21. Kwi-Gon Kim, Agreements on Urban CDM for Carbon Financing, Paper presented at the 2011 UEA Gwangju Summit and Future Collaboration with the World Bank, World Bank, 6 December 2011

22. London, Zero Carbon London by 2050: Decarbonized Energy Enabling Project, 2018

23. Melbourne, Climate Change Mitigation Strategy to 2050: Melbourne together for 1.5 degree C, December 2018

24. New York City (2017) 1.5 degree Celcius Aligning New York City with the Paris Climate Agreement, Executive Order 26, #ONNYC, p 7

25. New York City, Mayor's Office of Long-Term Planning and Sustainability(2007) Inventory of New York City Greenhouse Gas Emissions, p 8, p 15

26. Stockholm, Roadmap for a fossil fuel-free Stockholm 2050, 24 March 2014

27. Swyngedouw E, Metabolism of the Greater London, 2006 (http://www.researchgate.net^figure^1-The-metabolism.)

28. Seoul National University, UNDP, MOST, Daewoo Co., Eco-city Planning Guidance, 1996

30. Stelios Grafakos, Alberto Gianoli and Alexandra Tsatsou, Towards the Development of an Integrated Sustainability and Resilience Benefits Assessment Framework of Urban Green Growth Interventions, Sustainability, 2016, 8(5), 461; doi: 10.3390/su8050461

31. United Nations Economic Commission for Europe, Climate Neutral Cities: How to make cities less energy and carbon intensive and more resilient to climate change, ECE/HBP/168, 2011, p 5

32. UNDESA(2021) UNDESA Voice March 2021, Making nature count (accessed on March 2, 2021)

33. UNFCCC (2021) "Climate Commitments Not On Track to Meet Paris Agreement Goals" as NDC Synthesis Repot is Published, ARTICLE/ 26 FEB, 2021

34. Washington DC, Carbon Free DC, unpaged, undated

35. Washington DC(2018) Notice of Funding Availability and Request for Application (RFA), RFA # 2018-1907-USA, Department of Energy and Environment, District of Columbia

36. Washington DC (undated) Carbon Free DC, unpaged

37. Water Research Foundation, CSIRO(2010) Integrated Urban Water Management Planning Manual, p 31

38. Washington, D. C., Department of Energy and Environment, Carbon Free DC: Help share our path to an equitable, healthy and resilient city by 2050

39. World Bank(2010) A City-Wide Approach to Carbon Finance, Washington, DC: The World Bank, p 66

40. Zheng Y(2018) Urban Computing, The MIT Press, Cambridge, MA, p 89, p 313

국내 참고 문헌

1. 김귀곤, 저탄소 스마트 도시: 기후 회복 탄력성 계획을 위한 도구, 한국생태도시네트워크, 2018

2. 김귀곤, 지속 가능 환경 생태 계획론, 드림 미디어, 2008

3. 김귀곤, 생태 도시 계획론: 에코폴리스 계획의 이론과 실제, 대한 교과서 주식회사, 1993

4. 카카오모빌리티, 카카오모빌리티 2020, 2020

부록 1 통합 기후 스마트 현명도시 모형 접근 방법 : 포트 모르즈비(Port Moresby(PNG)) 사례연구[발췌]

이 자료는 필자가 포트 모르즈비 팀과 함께 파푸아뉴기니 정부와 우리나라 외교부의 지원을 받아 수행한 연구 결과를 발췌, 정리한 내용이다.

1. 연구의 배경

1.1 파푸아 뉴기니 포트 모르즈비 "National Commission District"의 주 지사 Powes Paktop의 "유엔 2019 기후행동정상회의, 뉴욕(UN 2019 Climate Action Summit, New York)"에서의 초청 연설문

▶ 우리는 해수면상승과 섬의 침수로 인한 환경난민을 가지고 첫번째 나다르중의 하나이다. 그러므로 우리들은 기후변화가 현실임을 말할 수 있는 살아있는 증인이다. 우리는 매년 백만그루의 나무를 심고 가꿀 것을 약속했다.

▶ 우리는 맹그로브 숲을 재조성할 것이며 우리의 강과 해안으로부터 플라스틱과 오염물질을 제거할 것이다.

1.2 문제점 서술(Problem statement)

▶ 기하급수적인 인구 상승

▶ 수도 포트모르즈비의 약속

- 온실가스 배출량 감축(도시들이 파푸아뉴기니 CO_2 배출량의 70%를 차지함)
- 도시기후회복 탄력성 향상

▶ 국가 목표치 달성 :

- 2030년까지 재생에너지 배율 70% 달성(MTDP III)
- 2050년까지 탄소 중립성 달성(PNG 비전 2050 전략계획)

2. 현장 답사 사진

2.1 파푸아 뉴기니의 수도 포트 모르즈비의 위치

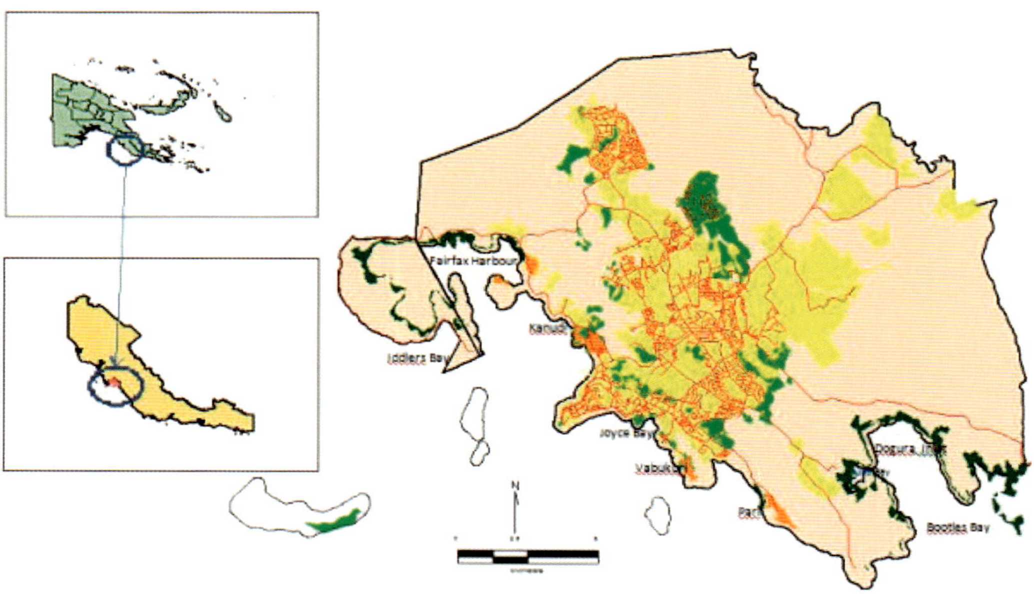

Port Morsby Settlements 포트 모르즈비 정착촌

- Planned settlements 계획된 정착촌
- Informal settlements 계획되지 않은 임시 정착촌
- Traditional villages 전통적 원주민 마을
- Mangroves 해안의 맹그로브 숲
- Roads 도로

[그림 1] 파푸아 뉴기니 포트 모르즈비의 지리적 위치

2.2 현장 답사 사진

▶ 파리(Pari) 원주민 마을 현지 답사

[사진 1] 파리 마을 모습

[사진 2] 담수화를 위한 태양광과 풍력 에너지 스마트 그리드 시설 : 파리마을의 물 공급을 위해 설치되어 있으며 현재 가동중에 있음

▶ 전문가 및 이해 당사자들과의 회의

[사진 3] 현장에서 지역원주민들로부터의 의견청취모습

[사진 4] 포트 모르즈비 부시장을 포함한 고위 관계관들과 조사 연구에 관한 협의 모습

[사진 5] 연구에 관한 전문가 워크숍 모습

[사진 6] 포트 모르즈비 전문가, 파푸아뉴기니 국립대학교 팀들과 수행한 현장답사 모습

3. 사례 연구 결과 요약

3.1 목적

▶ 포트 모르즈비 성장 관리와 기후 스마트 도시화

▶ 해안 지역의 기후변화에 대한 회복 탄력성 강화

▶ 기후 취약 계층과 전문가를 대상으로 하는 능력 배양과 훈련

▶ 지역 사회 수준에서 공중 보건, 안전성과 위생 프로그램 개선

3.2 기대되는 결과와 산출

▶ 무허가 주거지 향상과 토지 개발

Box. 1(예시)

◦ 1건의 기후 친화적 도시 토지 이용 및 공간 계획 수립

◦ 2개의 새로운 스마트 성장 거점 개발과 5개의 마을 재생 사업

◦ 100% 도시 연결성 확보

- 6개의 녹색 인프라 사업
- 2개의 모델 재생 에너지 마을 조성
- 500개의 태양 전지판 설치
- 15개의 풍력 발전용 터빈 설치
- 3개의 음용수 공급 사업
- 1개의 폐수 처리장 사업
- 10개의 우수 정원, 공원과 연못 조성
- 해안 지역 계획과 관리

▶ 해안 지역 계획과 관리

Box. 2(예시)

- 10개의 텔레모니터링 장소 지정(조기 재난 경보 시스템 설치)
- 90~100% 맹그로브 숲의 보전과 복원에 지역 사회 참여
- 100,000명의 년간 스마트 해안 맹그로브 숲 생태 관광객 유치
- 10개의 해안 생태계 복원 사업 수행
- 10개의 자연 기반형 해수면 상승 대응 사업
- 기후 위기에 대응하기 위한 자연 기반 솔루션

▶ 기후 위기에 대응하기 위한 자연 기반 솔루션

Box. 3(예시)

- 2030년까지 50% 녹지와 물이 연계된 그린 인프라 구조 구축
- 2건의 도시 기후 저감 및 적응 계획 수립(스마트 탄소 중립 도시 계획 (2050) 포함)
- 1,000,000그루 나무 심기 프로그램 전개
- 10개의 탄소 숲 조성

- 4개의 유형별 시범 스마트 탄소 중립 마을 조성
- 지속 가능 보건서비스와 인프라

▶ 지속 가능 보건서비스와 인프라

Box. 4(예시)

- 10개의 기존 보건 시설의 개선
- 10개의 안전한 지역 사회 물 공급과 위생 시설 설치
- 2건의 공중 보건에 영향을 미치는 환경 인자의 규제사업
- 4건의 플라스틱을 포함한 병원 폐기물 시범 관리 사업
- 2건의 예방 보건 관리 개선 사업
- 능력 배양과 훈련

▶ 능력 배양과 훈련

Box. 5(예시)

- 100명의 탄소 마을 협동 사업에 참여할 인력 양성
- 20명의 생태계 관리 인력 양성
- 2개의 지역 사회, 기술 전문가등이 참여하는 산, 학, 연 파트너십 플랫폼 구축 사업
- 2개의 ICT분야 연구, 교육과 훈련 기관의 설립, 운영
- 1개의 국제 협력 사업 수행(지식과 기술 교류, 국제 회의 유치 등)

3.3 사업 활동

3.3.1 무허가 주거지 향상과 토지 개발

▶ 기후 스마트 현명 도시 계획과 기존의 도시계획 및 개발 정책과 통합
▶ 포트 모르즈비 기후 스마트 현명 도시 계획 수립
▶ 도시 인프라를 위한 ITC 제공

3.3.2 해안 지역 계획과 관리

▶ 해안 지역 계획과 토지 이용 개발 계획과의 통합
▶ 자연 기반 생태계 적응 설계
▶ 교육, 훈련과 연구
▶ 조기 경보와 원격 감시 서비스를 위한 ITC 기술 활용 (모든 유형의 기후 데이터 수집)
▶ 생태 관광과 문화 관광 진흥

3.3.3 기후 위기기에 대응하기 위한 자연 기반 솔루션

▶ 기후변화 저감 및 적응 대책 개발
▶ 녹지-물 네트워크 인프라 행동 계획 수립
▶ 생태 복원과 녹화 프로그램
▶ 온실가스 현황 조사와 평가
▶ 탄소 배출량 감축 경로를 위한 에너지 효율성 프로그램 수립
▶ 생태계 기반 적응 접근 방법의 도입
▶ 대중 교육과 인식

3.3.4 지속 가능 보건 서비스와 인프라

▶ 의료 인프라의 구축

▶ 지역 사회 의료 종사자들의 능력 배양
▶ 가축과 동물 순화 정책의 개발

3.3.5 능력 배양과 훈련

▶ 교육 프로그램 개발
▶ 장,단기 훈련 과정 운영
▶ 디지털 커뮤니케이션 과정 운영

3.4 상황 분석

3.4.1 지역적 위치와 맥락 분석

3.4.2 정치 경제적 상황 분석

3.4.3 도시화와 무계획적 정착촌 상황 분석

3.4.4 인구와 도시 유입 상황 분석

3.4.5 사회적 상황 분석

3.4.6 주택 상황 분석

3.4.7 도시 인프라와 유용 시설 서비스 상황 분석

[사진 7] 두허가 주택 개발로 인한 녹지 훼손

[사진 8] 불량 주거지역

3.4.8 자연 재해 상황 분석

[사진 9] 산업시설의 홍수피해 모습

[사진 10] 주거지역의 홍수 피해 모습

[사진 11] 폭우로 인한 도로 침수 현장

[사진 12] 폭우로 인한 도로와 농경지 침수 현장

3.4.9 해안 지역 상황 분석

[사진 13] 해안지역 난개발로 인한 맹그로브 숲의 파괴

[사진 14] 해안가 원주민 주택

3.4.10 스마트 디지털 기술 상황 분석

3.4.11 능력 배양과 훈련 상황 분석

3.4.12 보건 상황 분석

3.5 파푸아 뉴기니(PNG) 개발 전략과 정책

▶ PNG 비전 2050: 환경 지속성과 기후변화

▶ MTDS III 2018-2022 goal 6.6 환경 지속성 고취와 목표 6.7 기후변화 대응

▶ 국가 기후 친화적 개발 관리 정책

▶ 국가 해양 정책 2020-2030

▶ 국가 보호 지역 정책

▶ 국가 도시화 정책 2010-2030

3.6 이해당사자 분석

▶ 직접 수혜자

▶ 간접 수혜자

3.7 연구 결과의 도면화

3.7.1 사례 연구 지역 위치도

3.7.2 지질과 토양 지도

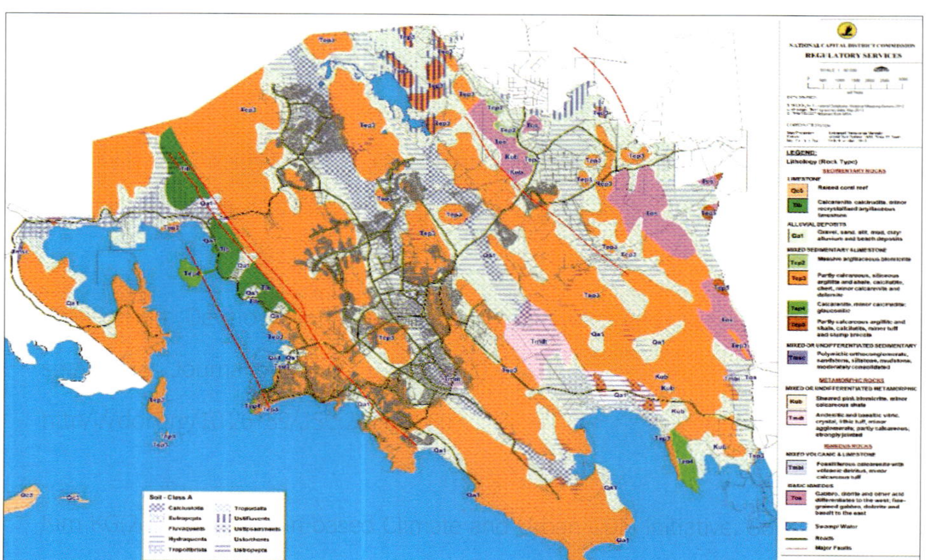

3.7.3 경사와 토지 형태 지도

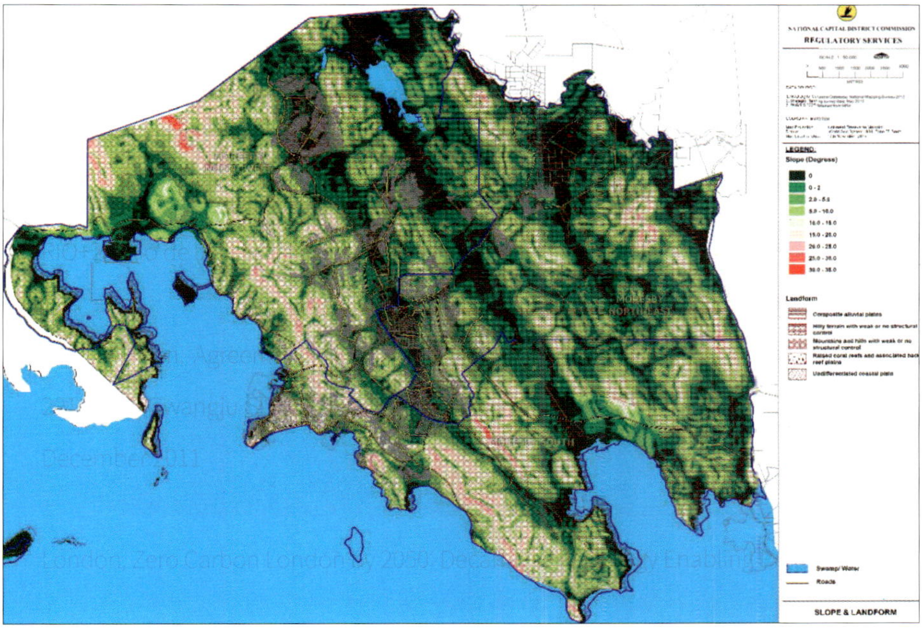

3.7.4 침수와 수심 지도

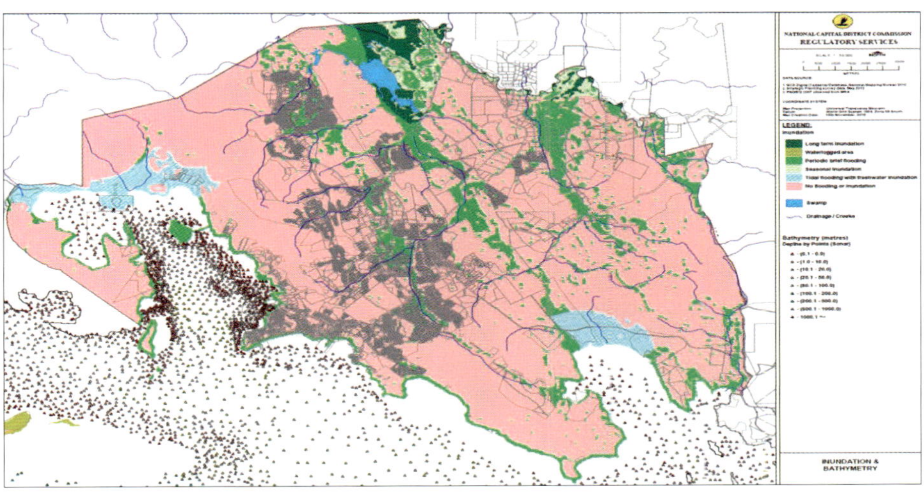

3.7.5 해양 자원 지도

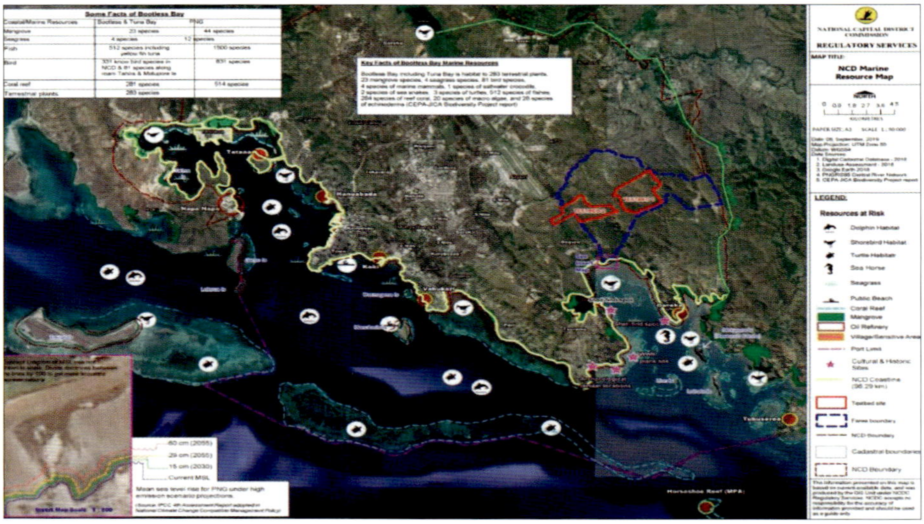

3.7.6 Bootless Bay 국립 해양 보호 구역

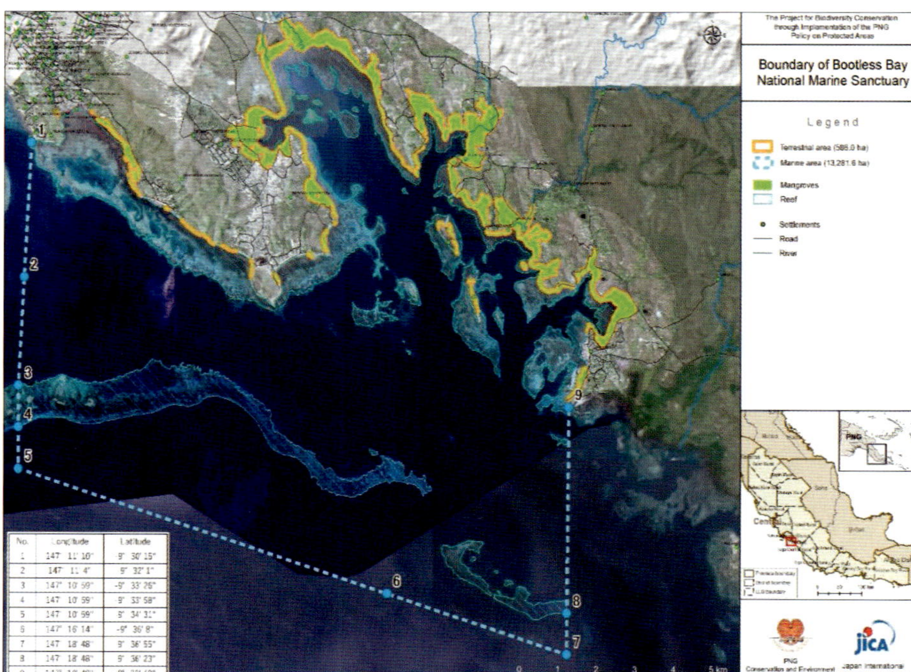

3.7.7 Waigani.습지 보호 구역(100m 환경 보호 완충 지역)

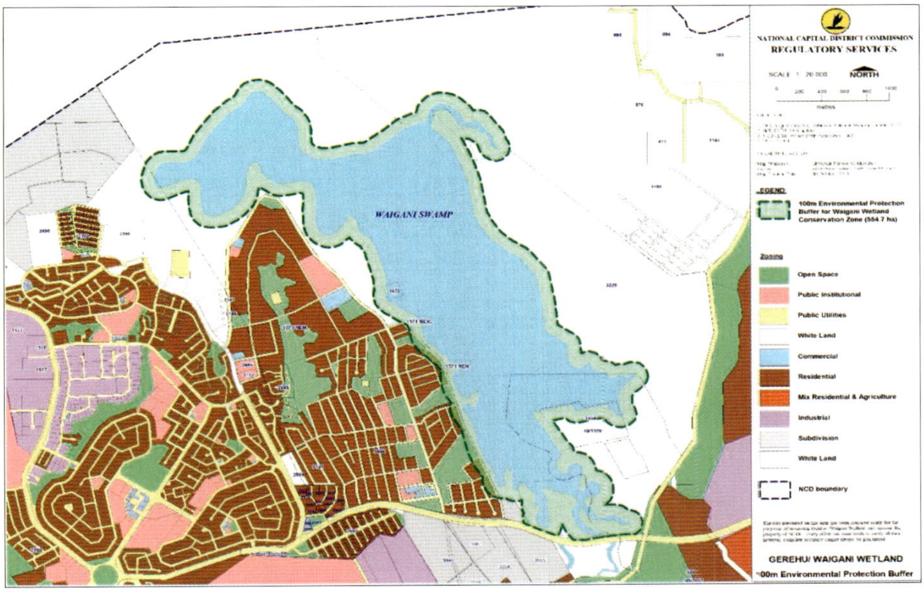

3.7.8 물-녹지 인프라 구조 계획(2030)

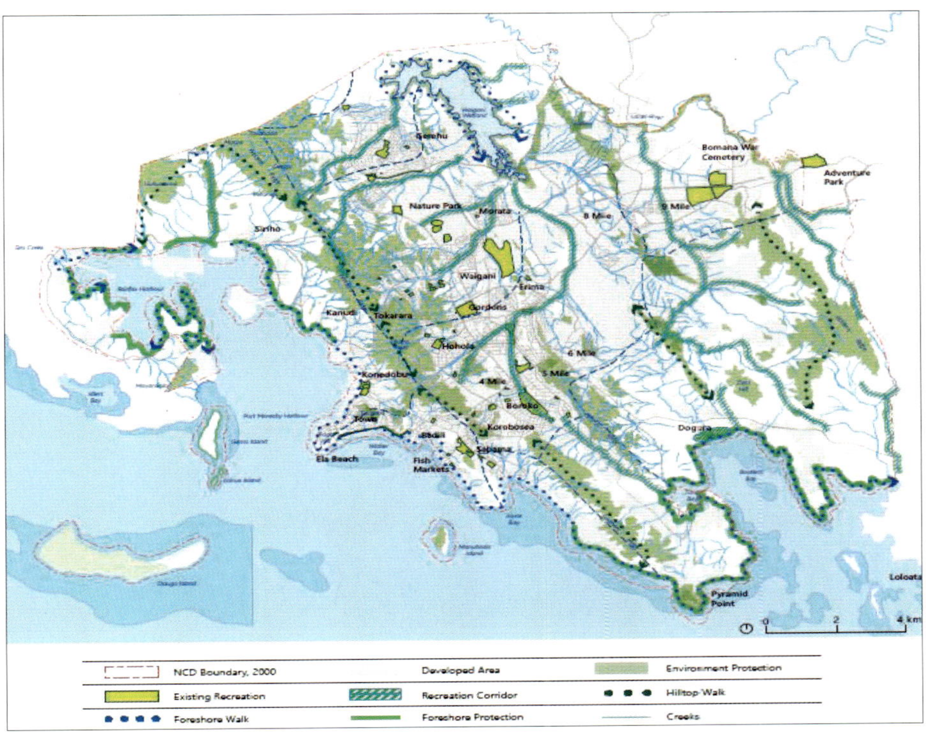

3.7.9 기후 변화 취약 지역

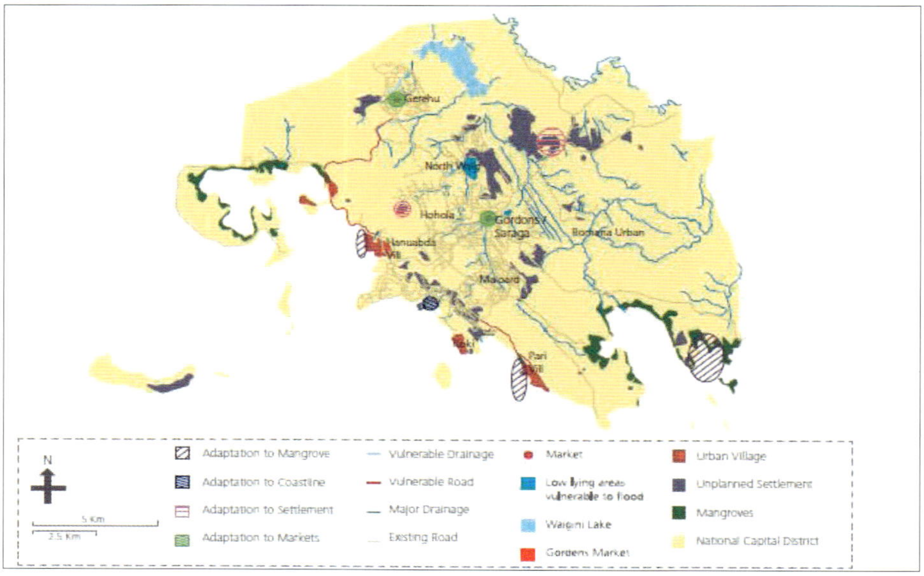

3.7.10 토지 이용 현황도

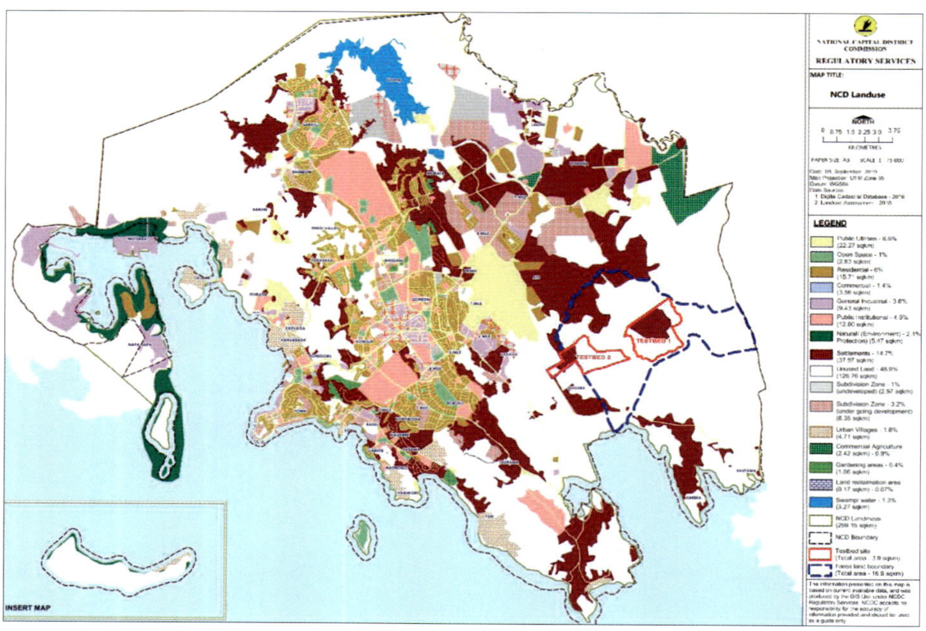

3.7.11 무허가 임시 정주지와 MKA 마을

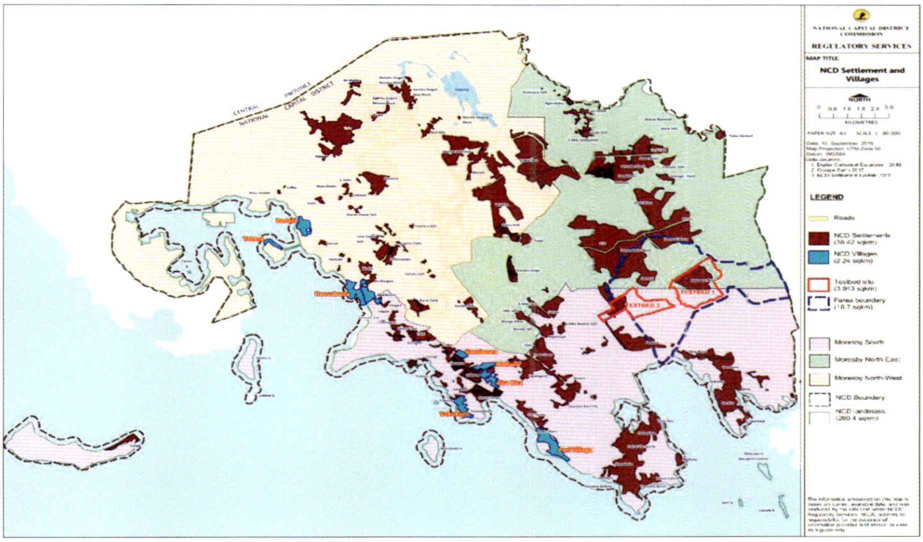

3.7.12 인구 밀도 지도(2011 인구 조사 자료)

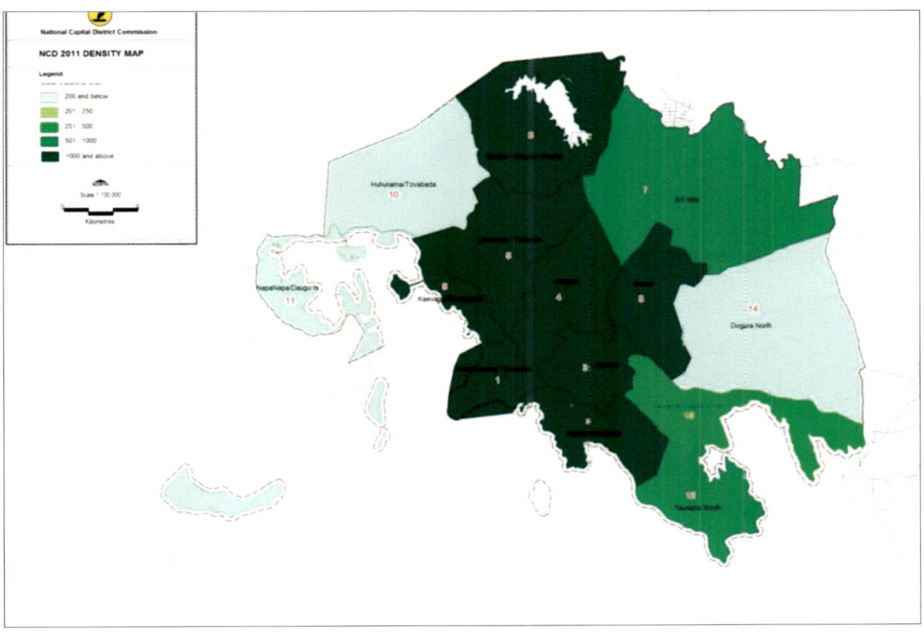

3.7.13 토지 소유 지도

3.7.14 제안된 토지 이용 지도

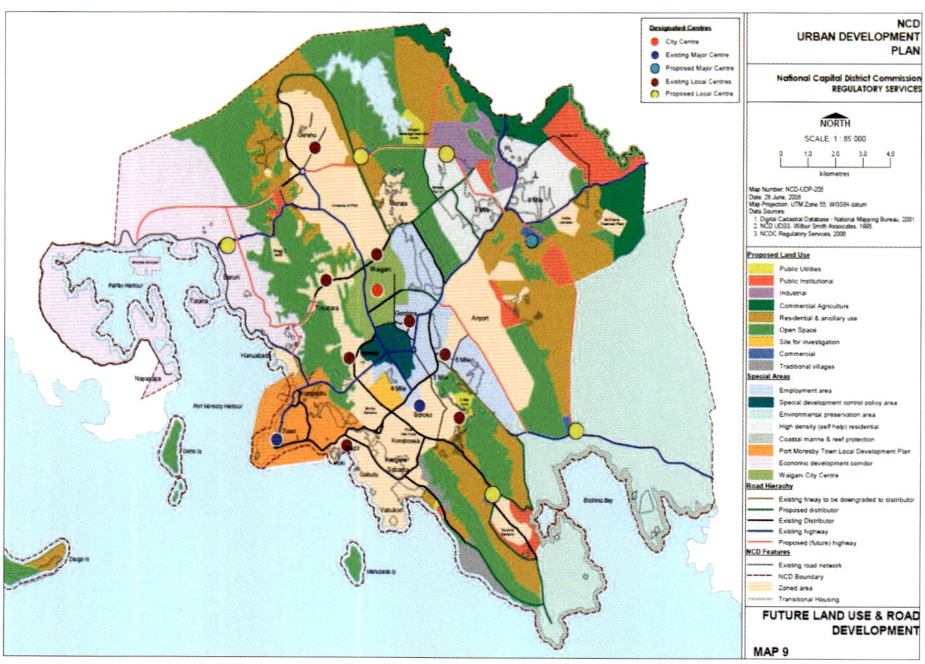

3.7.15 중심 지역과 거점 지역 구조 계획(2030)

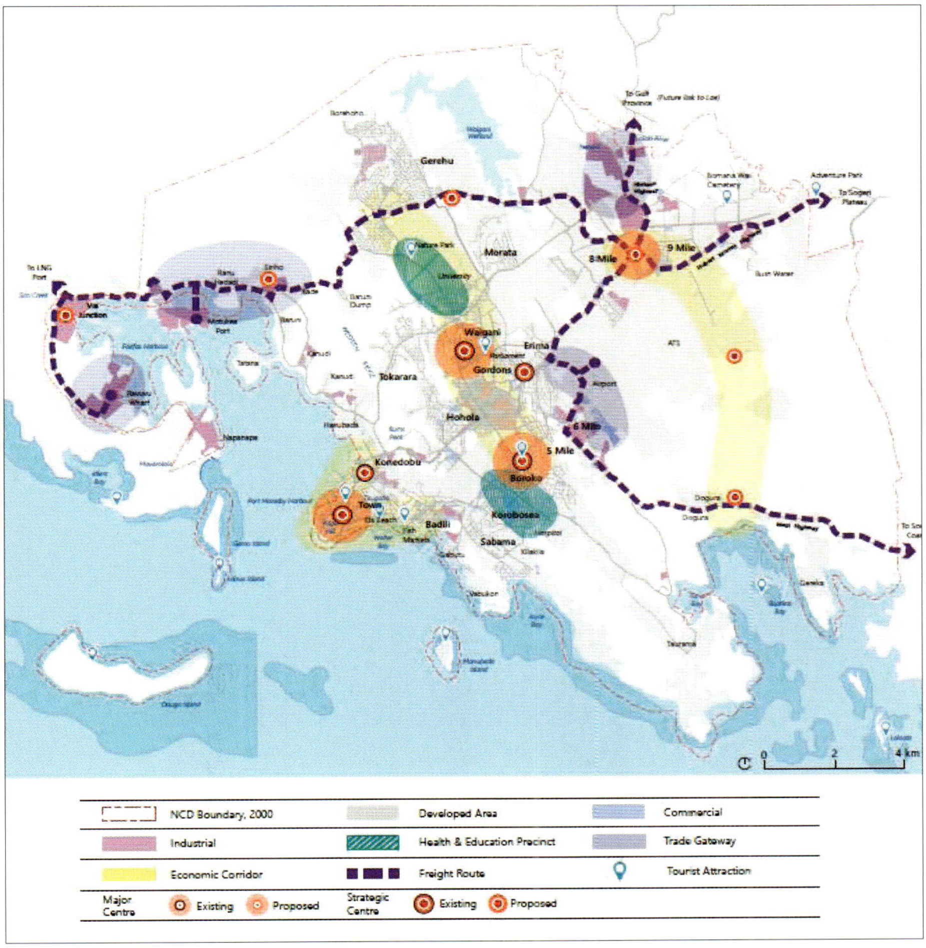

4. 제안

이 사례 연구가 "태평양 도서국가 지역 파트너십 이니시어티브"의 일환으로 태평양 도서국가에서의 탄소 중립 도시 시범 사업으로 활용될 수 있기를 기대하며 단기적인 사업으로는 한국형 에너지 저장 시스템을 갖춘 커뮤니티 스마트 재생에너지 그리드 플랫폼 사업의 추진을 제안한다.

▶ 한국형 에너지 저장 시스템

에너지 저장 시스템(ESS)_ Connecting ESS
설치장소: 서울시 사당동 신동아 아파트 5단지(공공임대주택단지)
제 조 사: 삼성
운영주체: 서울시 SH공사
운영방법: 아파트 옥상에 설치된 태양 전지판(solar panel)으로부터 생산된 전기를 단지 내 공공시설(가로등, 주차장, 어린이 놀이터 등)에 공급함.
향후 주민의 동의를 받아 시설 확장 후 가정 부문에도 공급할 계획임.

[그림 2] 한국형 에너지 저장 시스템: 서울 사당동 극동 아파트 단지 내에 설치되어 있음
자료출처: 서울SH공사

▶ 커뮤니티 스마트 재생 에너지 그리드 시스템 모형

[그림 3] 커뮤니티 스마트 태양광에너지로 연결된 마이크로 그리드의 이미지

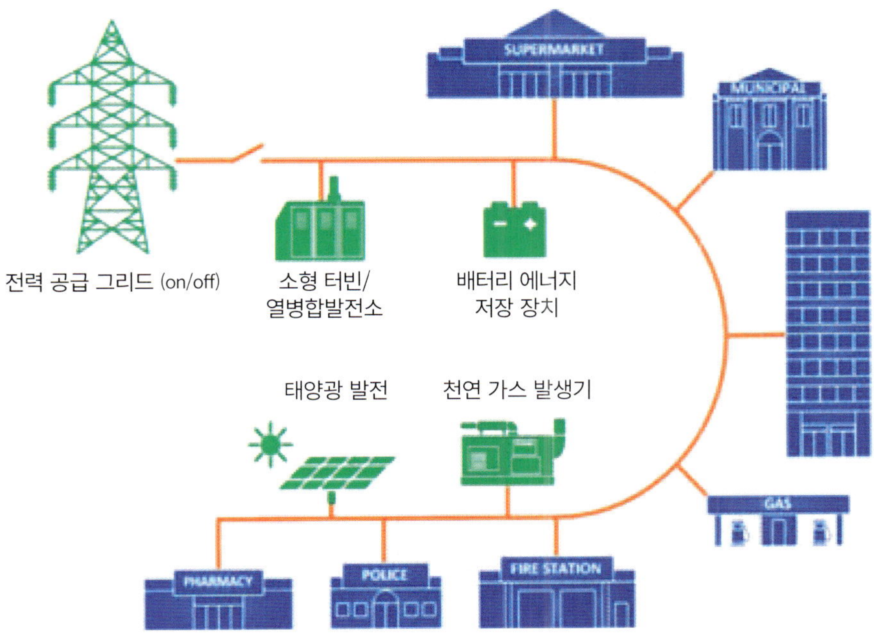

[그림 4] 커뮤니티 스마트 재생에너지 기반 마이크로 그리드의 개념적 모형

▶ 한국형 에너지 저장 시스템의 수출

- 필자가 연구 기간 동안에 방문한 파리 마을(Pari village: 현장 답사 사진 참조)에는 간이 재생 에너지 발전 시스템이 가동되고 있었으나 물 공급(담수화 시설)만을 위한 것이 었으며 에너지 저장 시설은 없었음

- 이 마을의 대표와 포트 모르즈비 시 당국에서는 한국형 에너지 저장 시스템을 갖춘 커뮤니티 스마트 재생 에너지 그리드 시스템 사업이 Pari 마을을 비롯한 모든 마을에서 포트 모르즈비 탄소 중립 생태도시 조성 노력의 일환으로 전개되기를 기대하고 있음

5. 감사의 말

필자는 이 연구가 가능하도록 도와준 다음 기관과 전문가에게 감사의 뜻을 전한다.

▶ 주한 파푸아 뉴기니 대사관 Andrew Yamanea 대사
▶ 파푸아 뉴기니 주재 한국 대사관
▶ 대한민국 외교부
▶ 파푸아 뉴기니 외교 통상부
▶ 파푸아 뉴기니 계획부
▶ 포트 모르즈비 시청
▶ 국립 파푸아 뉴기니 대학교
▶ 김현규 (에코텍엔지니어링(주) 소장)
▶ 문제순 (에코텍엔지니어링(주) 이사)
▶ 오재호 교수 (부경대 명예 교수)
▶ 구본학 교수 (상명대 교수)

부록 2 "탄소 중립 도시의 이해와 실천"과 관련된 김귀곤 교수의 스프링거 (Springer: 독일 출판사) 출간 서적

◀ Climate Smart and Wise Cities
(대표 집필: Springer)

▶ Low-Carbon Smart Cities
(단독: Springer)

◀ The Demilitarized Zone (DMZ) of Korea
(단독: Springer)

색인

저자소개

서울대학교 명예교수 (현)
한림대학교 겸임교수 (현)

영국 런던대학교 (UCL) 환경 계획학 박사
영국 레딩대학교 지역 및 도시 계획학 석사
서울대학교 졸업

· 국제 기후 사슬 협의체 (CCC) 스마트 탄소 중립 도시 위원회 위원장 (현)
· 한국 환경 한림원 이사 (현)
· 한국 생태도시 네트워크 대표 (이사장) (현)
· 한국 지역 공동체 발전 학회 회장 (현)
· 국제도시기후학회 (IAUC) 정규 회원](현)

· 도시환경협약 (UEA) 사무총장
· C40 기후 서울 총회 기획위원장 겸 조직위원회 위원
· 한국 환경 정책 학회 회장
· 한국 환경 교육 학회 회장
· 한국 생태 복원 기술 학회 회장
· 국제 경관 및 생태 공학 콘소시움 회장
· 지방 의제 21 전국 협의회 상임 대표
· 대통령 직속 지속가능발전위원회 위원 (국토 자견 분과 위원장, 환경보건분과위원장)
· 환경부 중앙 환경 분쟁 조정 위원회 위원
· 환경부 환경 평가, 전략 환경 평가 위원회 위원장
· 환경부 중앙 환경 정책 자문 위원회 위원
· 국토부 중앙 도시 계획 위원회 위원
· 국토부 중앙 기술 심의 위원회 위원
· 국제도시훈련센터 (IUTC in partnership with UN-HABITAT) 운장

저서
· Low-Carbon Smart Cities (단독: Springer)
· Climate Smart and Wise Cities (대표 집필: Springer)
· The Demilitarized Zone (DMZ) of Korea (단독: Springer)
· Urban Ecology (공저: Springer)
· Red Zone (공저: Springer)
· Restoring the Land (공저: Melbourne University Press)
· New Towns in East and South-east Asia (공저: Oxford University Press)
· Green Growth (공저: Jimoondang)
· Crucibles of Hazards : Mega-Cities and Disasters in Transition
(공저: United Nations University Press)
· 생태도시 계획론 (단독: 대한 교과서 주식 회사)
· 환경 영향 평가론 (단독: 대한 교과서 주식 회사)
· 지속 가능 환경 생태 계획론 (단독:드림 미디어)
· 지속 가능 발전의 전략과 실행 (공저: 아카데미 서적)
· 공원 녹지의 계획, 설계론 (편저: 서울대학교 출판부)

기타 저서 및 논문 다수

탄소 중립 도시의 이해와 실천

저자 김귀곤

1 판 1 쇄 인쇄 2021년 9월 10일
1 판 1 쇄 발행 2021년 9월 20일

펴낸이 안 기 열

편집인 권 진 영

발행처 M 드림 미디어

13524 경기도 성남시 분당구 판교역로 192번길
14-2 골드타워 9층 914-w19
전화 031)705-3812
메일 dream356@empas.com

등록번호 제 6-0465호
ISBN 978-89-91051-60-7 부가기호 03520
정가 19,800원